小学 **1** 年生

単位と図形に

ぐーーーんと

強くなる

学習指導要領対応

JN050572

KUMON

もくじ

☆このほんでは、きその　ないようより　すこし　むずかしい　もんだいには　☆マークを　つけています。

1 ながさ① くらべかた

ポイント

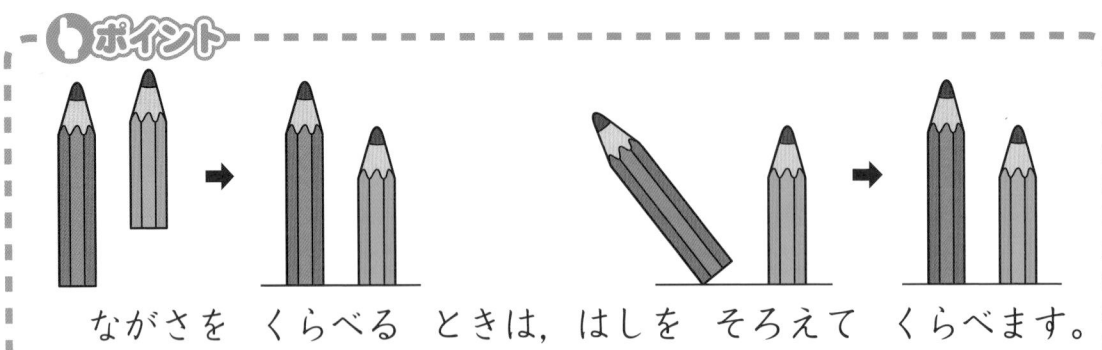

ながさを くらべる ときは, はしを そろえて くらべます。

1 えんぴつの ながさを くらべます。くらべかたの ただしい ものには ○, まちがって いる ものには ×を ( ) に つけましょう。　　　〔1つ 10てん〕

あ

い

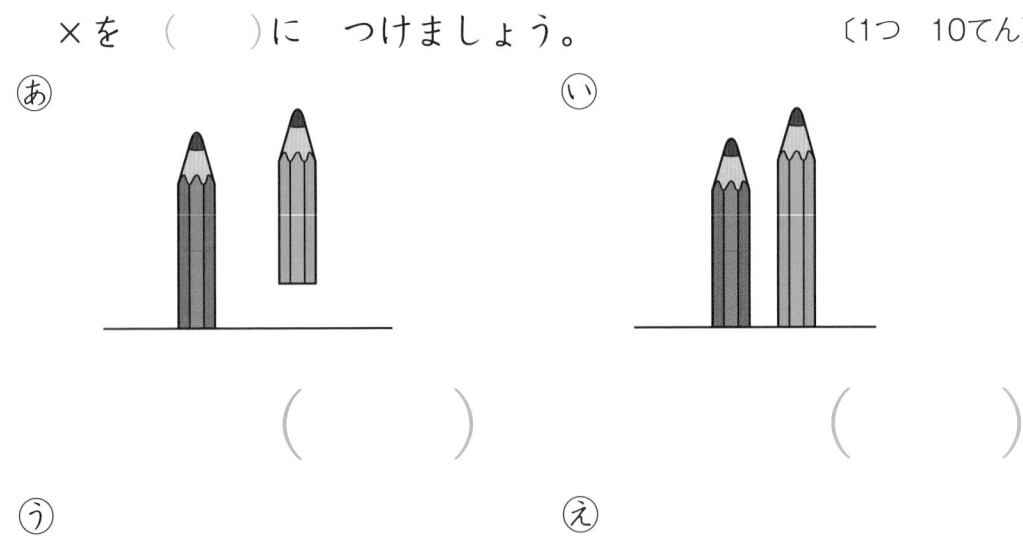

( )　　　　　　　　　　( )

う

え

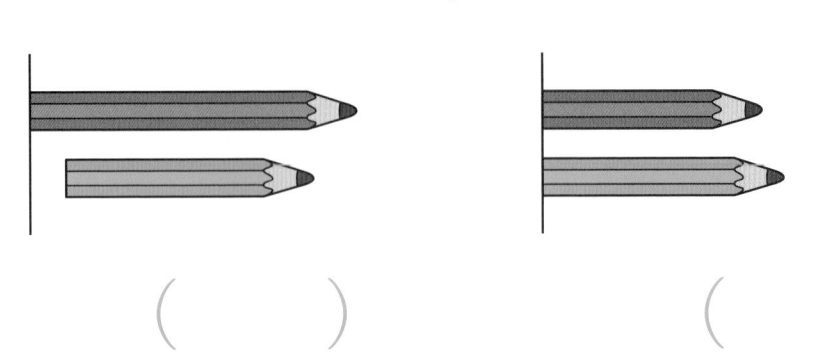

( )　　　　　　　　　　( )

2 ながさの くらべかたで ただしい ものには ○, まち
がって いる ものには ×を ( )に つけましょう。

〔1つ 10てん〕

ⓐ
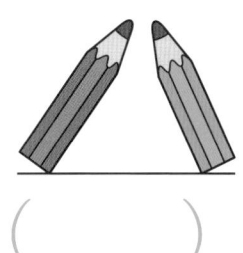
( )

ⓘ
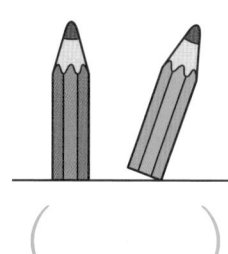
( )

ⓤ
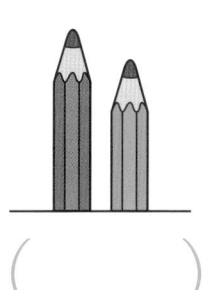
( )

 3 ながさの くらべかたで ただしい ものには ○, まち
がって いる ものには ×を ( )に つけましょう。

〔1つ 10てん〕

ⓐ
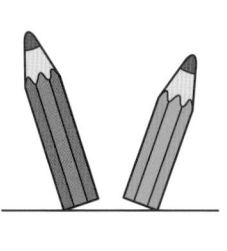
( )

ⓘ
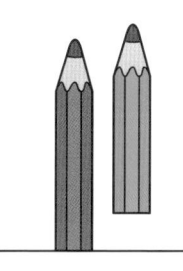
( )

ⓤ
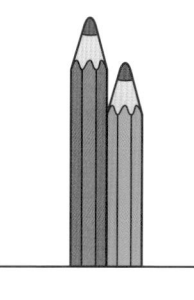
( )

2 ながさ② ながさくらべ①

とくてん

てん

こたえ➡べっさつ2ページ

1 どちらの えんぴつが ながいですか。ながい ほうの
（　　　）に ○を つけましょう。　　　　〔1もん　8てん〕

① あ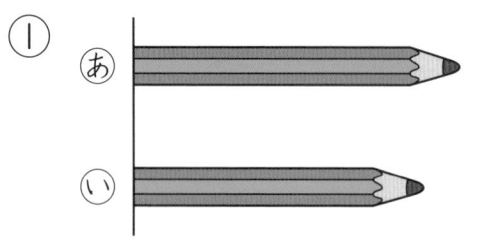

い

（　○　）

（　　　）

② あ

い

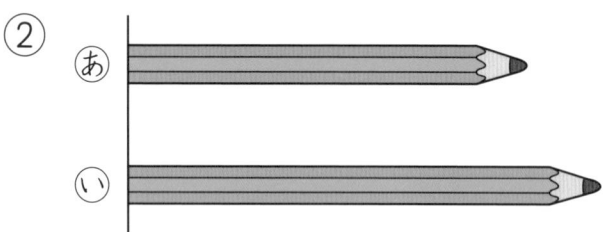

（　　　）

（　　　）

③ あ

い

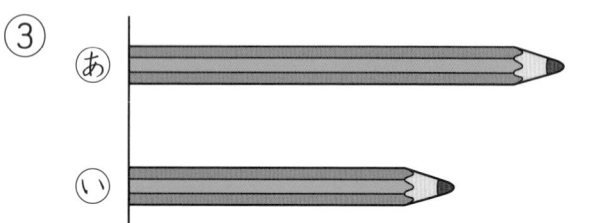

（　　　）

（　　　）

④ あ

い

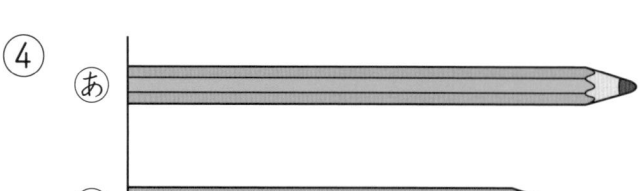

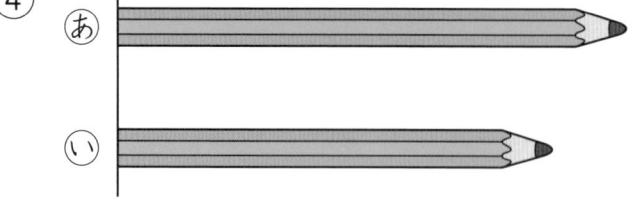

（　　　）

（　　　）

⑤ あ

い

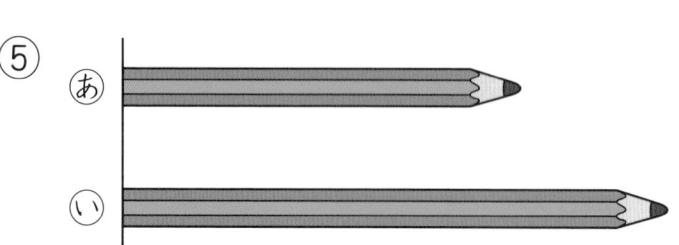

（　　　）

（　　　）

2 どちらの テープが ながいですか。ながい ほうの
（　）に ○を つけましょう。　〔1もん　10てん〕

① あ（　　　）　い（　　　）

② あ（　　　）　い（　　　）

③ あ（　　　）　い（　　　）

④ あ（　　　）　い（　　　）

3 どちらの なわとびが ながいですか。ながい ほうの
（　）に ○を つけましょう。　〔1もん　10てん〕

① あ（　　　）　い（　　　）

② あ（　　　）　い（　　　）

ポイント

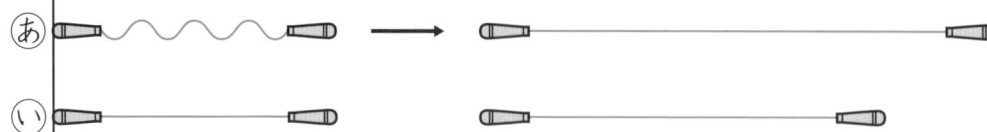

あ

い

　まがった　ものは　まっすぐに　のばすと　ながさが
かわります。

1　　どちらの　なわとびが　ながいですか。ながい　ほうの
　　（　　）に　○を　つけましょう。　　　　　　〔1もん　10てん〕

①

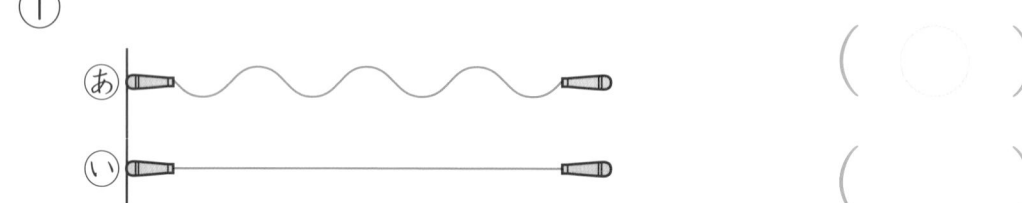

あ

い

（　○　）

（　　）

②

あ

い

（　　）

（　　）

③

あ

い

（　　）

（　　）

2 どちらの ひもが ながいですか。ながい ほうの
（　）に ○を つけましょう。　　　〔1もん 10てん〕

① あ　　　　　　　　　　　　　　　（　　　）
　 い　　　　　　　　　　　　　　　（　　　）

② あ　　　　　　　　　　　　　　　（　　　）
　 い　　　　　　　　　　　　　　　（　　　）

③ あ　　　　　　　　　　　　　　　（　　　）
　 い　　　　　　　　　　　　　　　（　　　）

④ あ　　　　　　　　　　　　　　　（　　　）
　 い　　　　　　　　　　　　　　　（　　　）

3 どちらの せんが ながいですか。ながい ほうの
（　）に ○を つけましょう。　　　〔1もん 10てん〕

① あ　　　　　　　　　　　　　　　（　　　）
　 い　　　　　　　　　　　　　　　（　　　）

② あ　　　　　　　　　　　　　　　（　　　）
　 い　　　　　　　　　　　　　　　（　　　）

③ あ　　　　　　　　　　　　　　　（　　　）
　 い　　　　　　　　　　　　　　　（　　　）

4 ながさくらべ③

とくてん

てん

こたえ➡べっさつ3ページ

ポイント

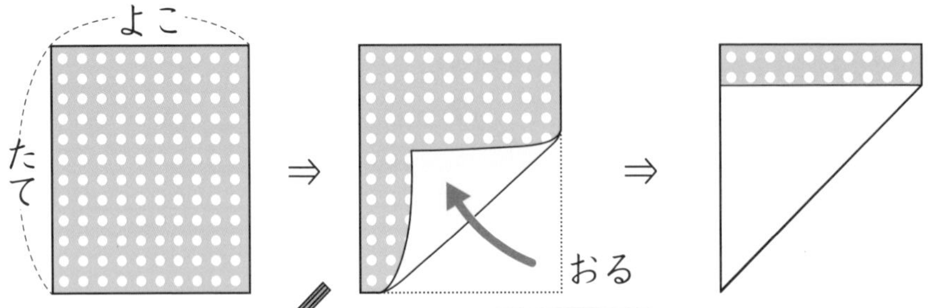

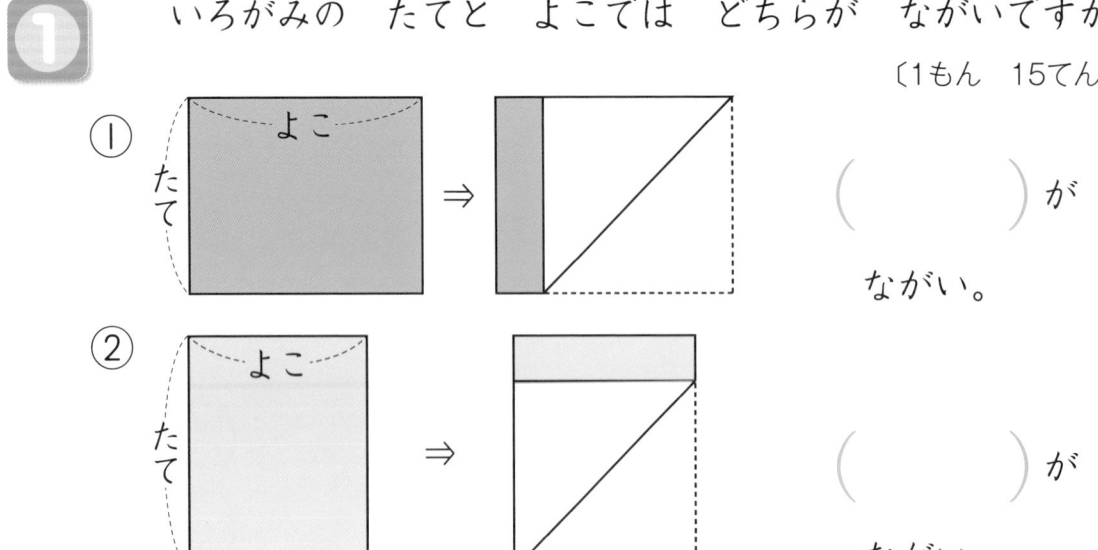

よこ

たて ⇒ おる ⇒ たてが ながい。

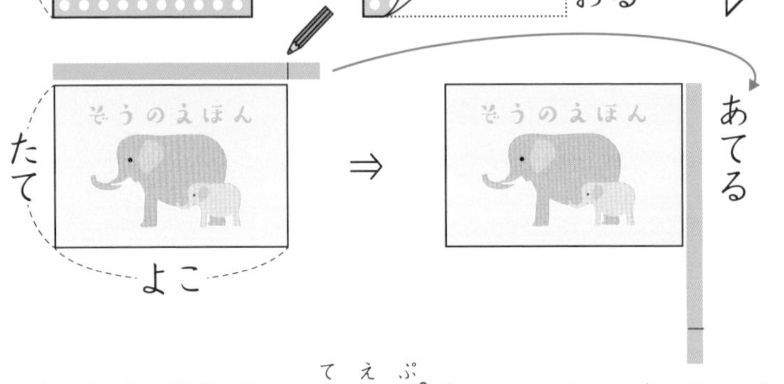

たて よこ ⇒ あてる よこが ながい。

　おりまげたり　テープを　つかったり　して，ながさを
くらべる　ことも　できます。

① いろがみの　たてと　よこでは　どちらが　ながいですか。

〔1もん　15てん〕

① よこ たて ⇒ （　　　）が

ながい。

② よこ たて ⇒ （　　　）が

ながい。

 たてと　よこでは　どちらが　ながいですか。

〔1もん　15てん〕

① 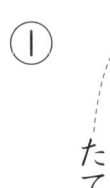 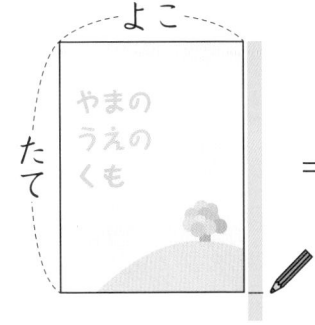 ⇒

（　　　　　）が

ながい。

② ⇒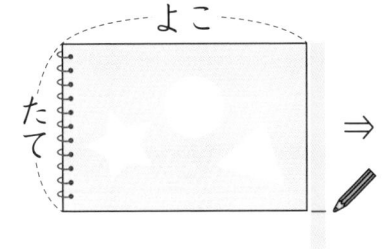

（　　　　　）が

ながい。

 たてと　よこでは　どちらが　どちらより　ながいですか。

〔1もん　20てん〕

①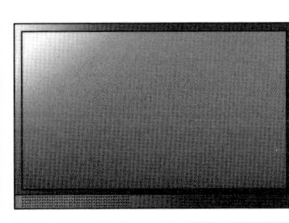

たて
よこ

（　　　　　）が

（　　　　　）より　ながい。

②

たて　よこ

（　　　　　）が

（　　　　　）より　ながい。

ポイント

ⓐ

ⓘ

ⓐ…つみき　5こぶん

ⓘ…つみき　4こぶん

つみきを
ならべたよ。

ⓐが　ながい。

　ある　ものの　なんこぶんかを　しらべると　ながさを
くらべる　ことが　できます。

1　ⓐと　ⓘを　くらべて，ながい　ほうの　（　）に　○を
つけましょう。　　　　　　　　　　　　　　〔1もん　15てん〕

①

ⓐ　　　　　（　　）

ⓘ　　　　　　　　（　　）

②

ⓐ　　　　　　　　（　　）

ⓘ　　　　　　　　（　　）

2 あと ①を くらべて, ながい ほうの （　）に ○を
つけましょう。　　　　　　　　　　　　　〔1もん　15てん〕

①
あ
（　　）

い
（　　）

②
あ
（　　）

い
（　　）

3 あと ①を くらべて, ながい ほうの （　）に ○を
つけましょう。　　　　　　　　　　　　　〔1もん　20てん〕

①
あ
（　　）

い
（　　）

②
あ
（　　）

い
（　　）

6 ながさくらべ⑤

とくてん

てん

こたえ➡べっさつ4ページ

れい

ながさを しらべます。

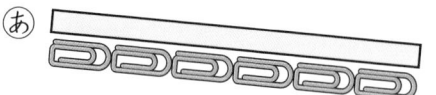　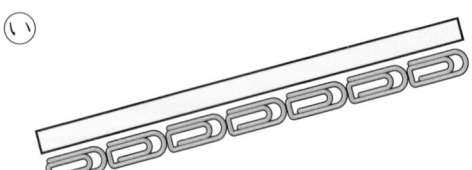

あ…クリップ　**6**　こぶん

い…クリップ　**7**　こぶん　　　い が ながい。

① どちらの テープが ながいでしょう。クリップの
かずで くらべましょう。 〔1もん 20てん〕

① 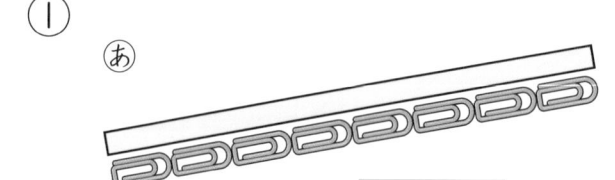　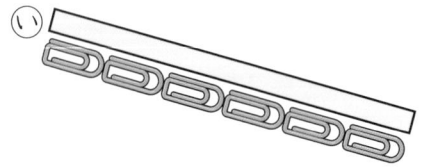

あ…クリップ  こぶん

い…クリップ  こぶん　 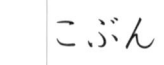 が ながい。

② 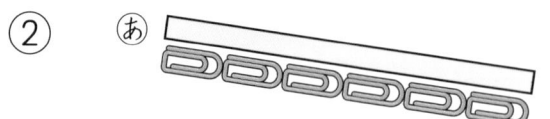　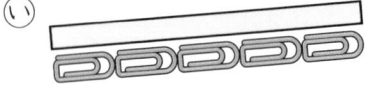

あ…クリップ  こぶん

い…クリップ  こぶん　 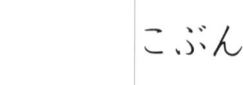 が ながい。

えほんの　たてと　よこの　ながさを　くらべましょう。

〔1もん　10てん〕

① たては　けしゴム 　　　　　 こぶん

② よこは　けしゴム 　　　　　 こぶん

③ 　　　　　 の　ほうが 　　　　　 より　ながい。

 いすの　たかさを　しらべます。

〔1もん　15てん〕

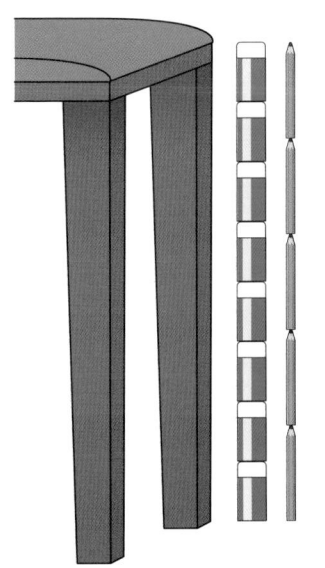

① たかさは
　けしゴム 　　　　　 こぶん

② たかさは
　えんぴつ 　　　　　 ほんぶん

ながさは　ものの
いくつぶんで　あらわす
ことが　できるね。

ながさくらべ⑥

1 かみテープの ながさを くらべて います。ながい
じゅんに,( )に 1, 2, 3と ばんごうを かきましょう。

〔1もん 10てん〕

①

ⓐ (2)

ⓘ (1)

ⓤ (3)

②

ⓐ ( )

ⓘ ( )

ⓤ ( )

③

ⓐ ( )

ⓘ ( )

ⓤ ( )

2 かみテープの ながさを くらべて います。ながい
じゅんに,（　　）に 1, 2, 3と ばんごうを かきましょう。

〔1もん　20てん〕

①

あ（　　）

い（　　）

う（　　）

②

あ（　　）

い（　　）

う（　　）

3 ながい じゅんに,（　　）に 1, 2, 3と ばんごうを
かきましょう。　　　　　　　　　　　　〔1もん　15てん〕

①

あ（　　）

い（　　）

う（　　）

②

あ（　　）

い（　　）

う（　　）

ながさくらべ⑦

れい

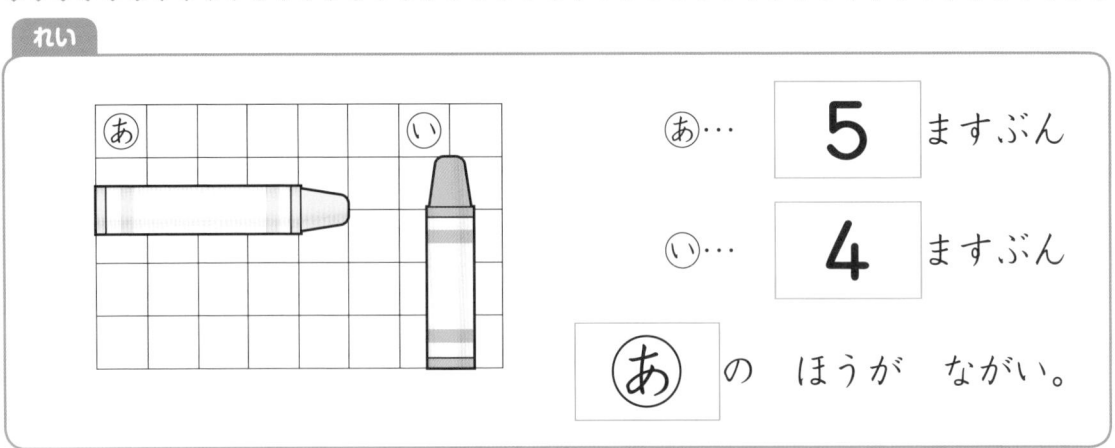

あ… 5 ますぶん

い… 4 ますぶん

あ の ほうが ながい。

1 あと いの ながさは なんますぶんですか。

〔1もん 10てん〕

①

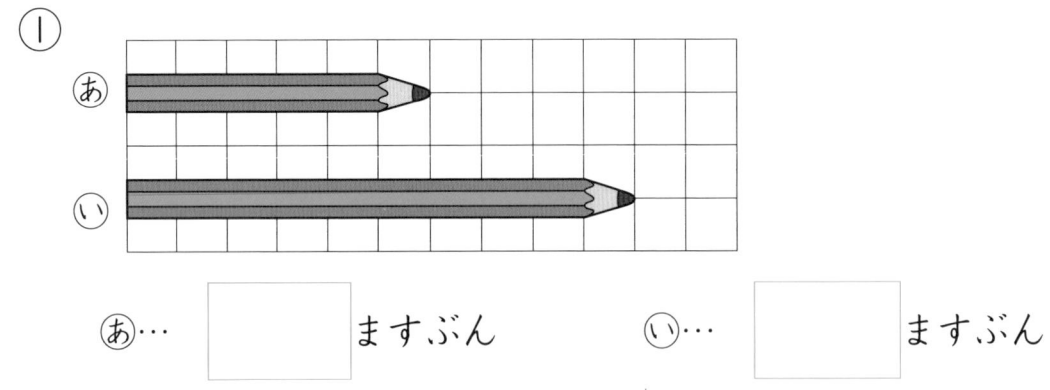

あ… ☐ ますぶん   い… ☐ ますぶん

②

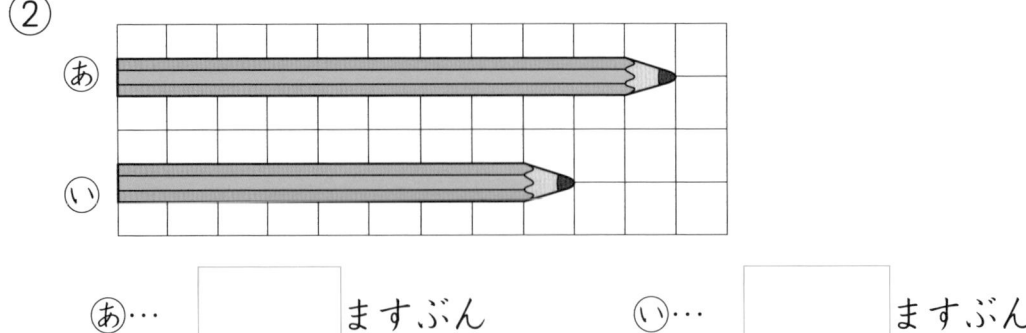

あ… ☐ ますぶん   い… ☐ ますぶん

❷ あと ⓘの ながさは なんますぶんで, どちらの ほう
が ながいですか。　　　　　　　　　　　　〔1もん　20てん〕

①

ⓐ…　□　ますぶん

ⓘ…　□　ますぶん

□　の　ほうが　ながい。

②

ⓐ…　□　ますぶん

ⓘ…　□　ますぶん

□　の　ほうが　ながい。

❸ あと ⓘの ながさは なんますぶんで, どちらの ほう
が ながいですか。　　　　　　　　　　　　〔1もん　20てん〕

①

ⓐ…　□　ますぶん

ⓘ…　□　ますぶん

□　の　ほうが　ながい。

②

ⓐ…　□　ますぶん

ⓘ…　□　ますぶん

□　の　ほうが　ながい。

れい

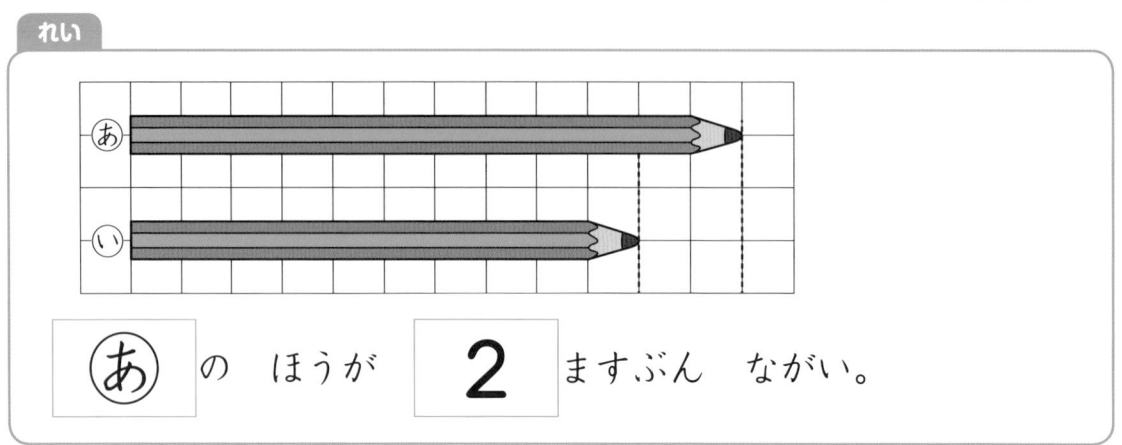

あ の ほうが **2** ますぶん ながい。

1 どちらが どれだけ ながいですか。 〔1もん 15てん〕

①
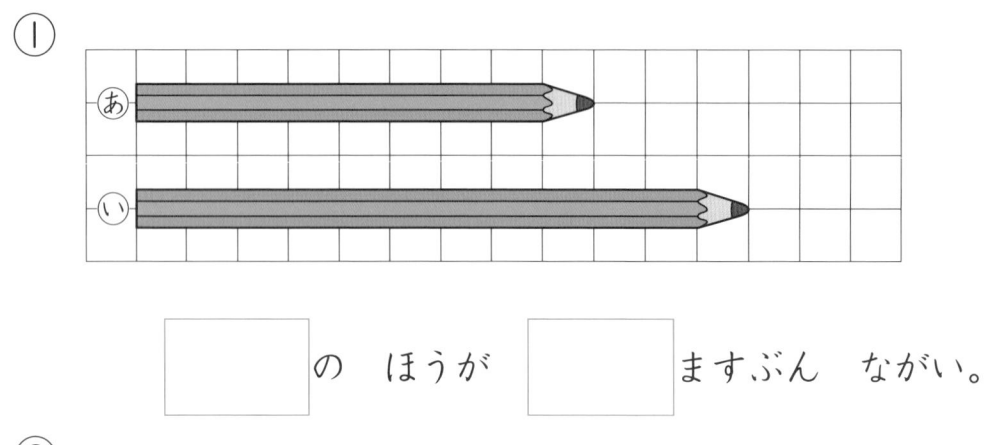

□ の ほうが □ ますぶん ながい。

②
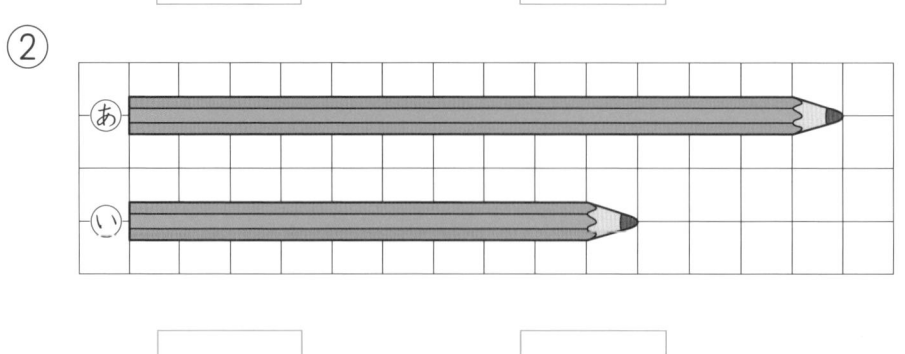

□ の ほうが □ ますぶん ながい。

② どちらが　どれだけ　ながいですか。　　　〔1もん　15てん〕

①

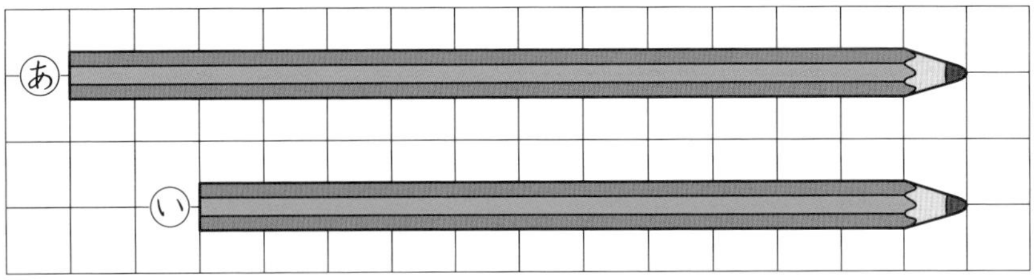

あ

い

　　　☐　の　ほうが　☐　ますぶん　ながい。

②

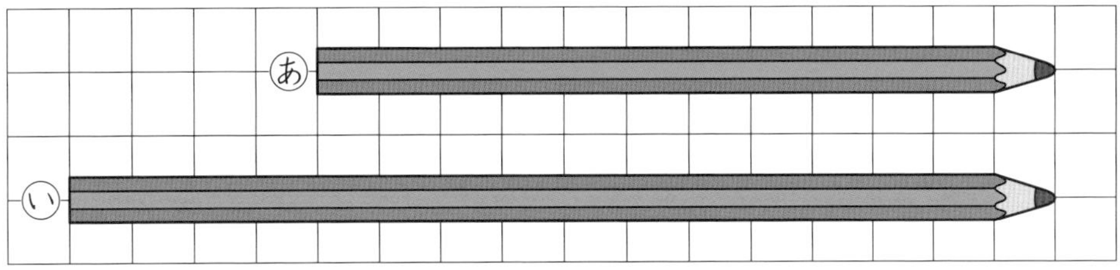

あ

い

　　　☐　の　ほうが　☐　ますぶん　ながい。

③ どちらが　どれだけ　ながいですか。　　　〔1もん　20てん〕

①

あ

い

　　　☐　の　ほうが　☐　ますぶん　ながい。

②

あ

い

　　　☐　の　ほうが　☐　ますぶん　ながい。

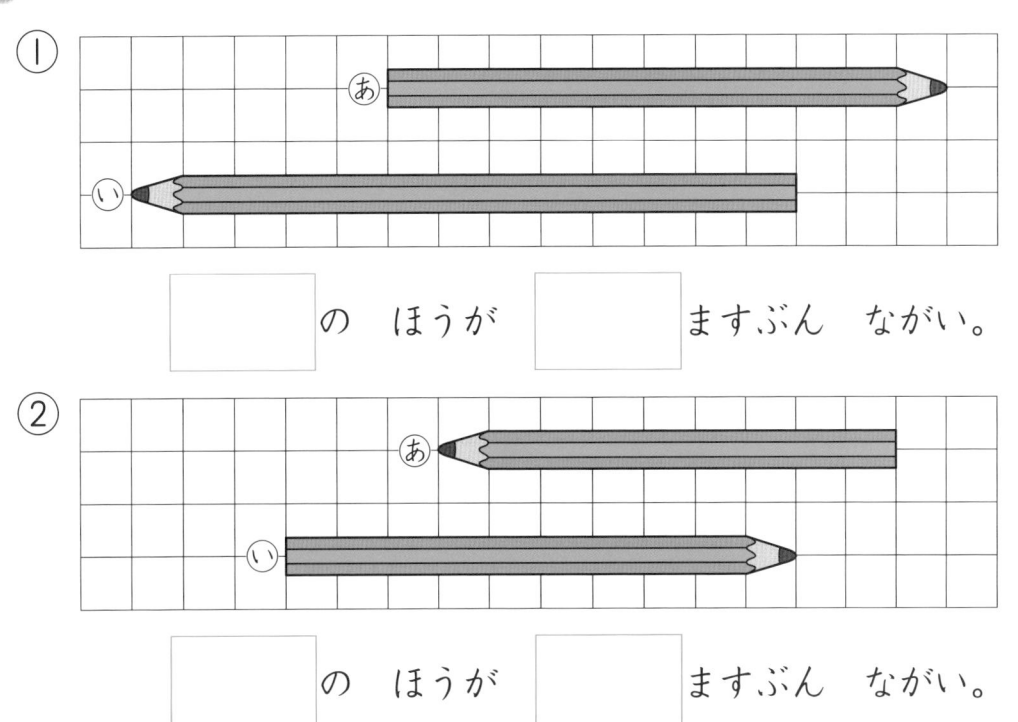

ながさくらべ⑨

れい

いちばん　ながいのは

い

いちばん　みじかいのは

う

1 いちばん　ながい　ものと，いちばん　みじかい　ものを
さがして，なまえを　かきましょう。　　　〔1つ　15てん〕

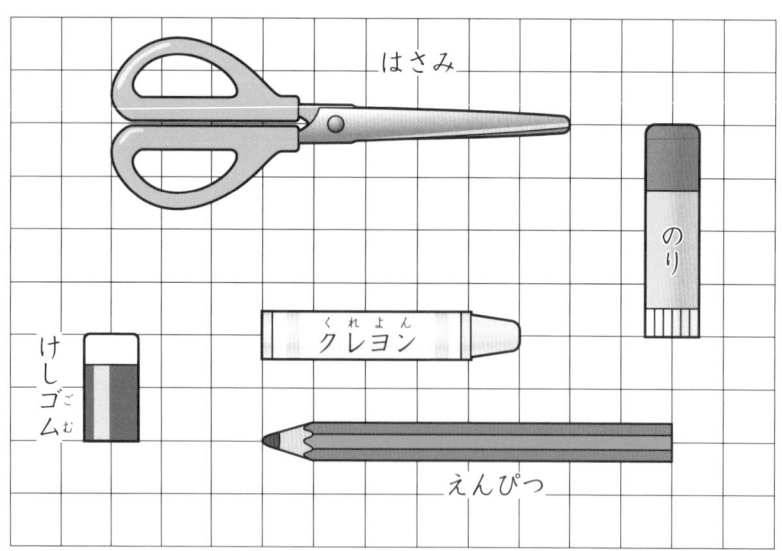

いちばん　ながい　もの　　　　いちばん　みじかい　もの

（　　　　　　　）　　　（　　　　　　　）

2 テープの ながさを くらべます。　　　　　〔1もん 15てん〕

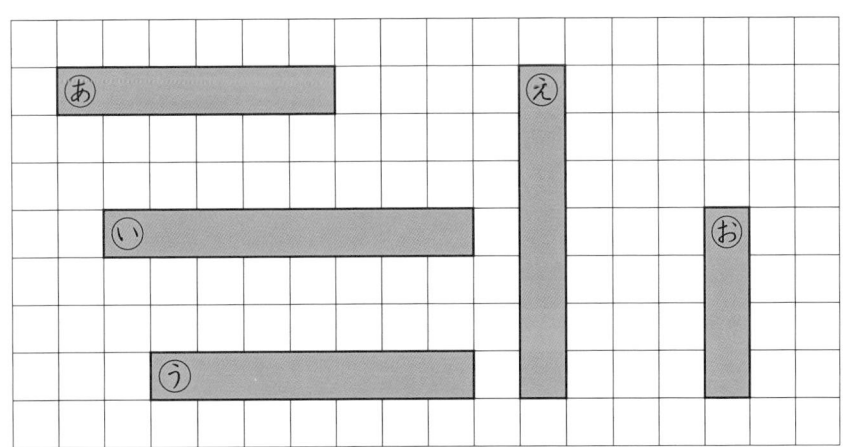

① いちばん ながい テープは あから
　おの どれですか。　　　　　　　　　　（　　　　）

② いちばん みじかい テープは あから
　おの どれですか。　　　　　　　　　　（　　　　）

③ おなじ ながさの テープは あから おの どれと
　どれですか。
　　　　　　　　　　　　　　　（　　　　と　　　　）

3 ながい じゅんに あから えで こたえましょう。

〔25てん〕

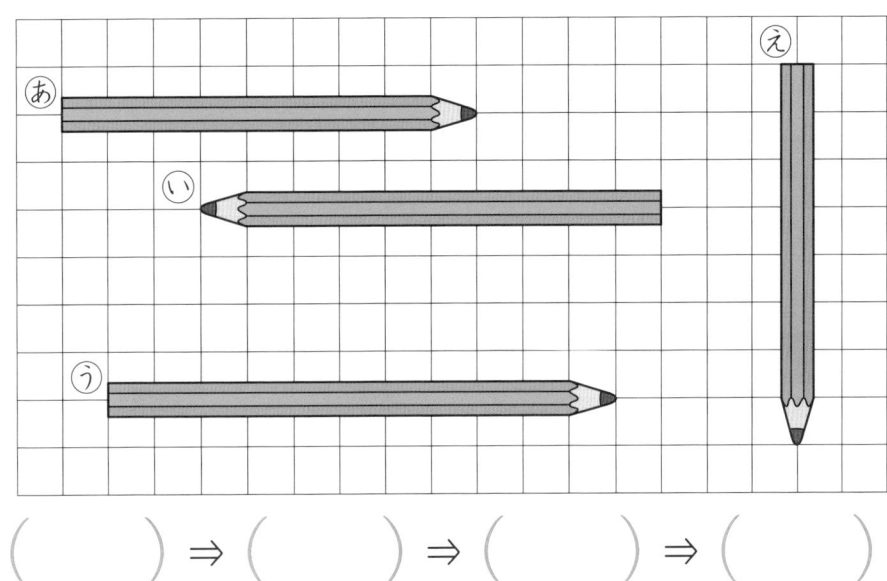

（　　　　）⇒（　　　　）⇒（　　　　）⇒（　　　　）

11 ながさ⑪ まとめ

とくてん

てん

こたえ➡べっさつ5ページ

1 どちらが ながいですか。ながい ほうの （　）に ○
を つけましょう。
〔1もん 10てん〕

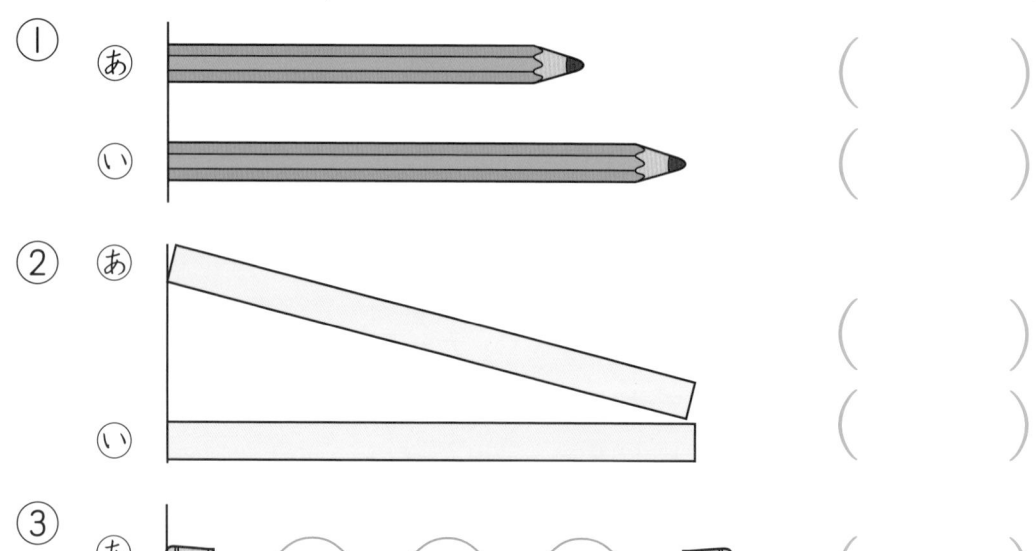

① あ （　　　）
　 い （　　　）

② あ （　　　）
　 い （　　　）

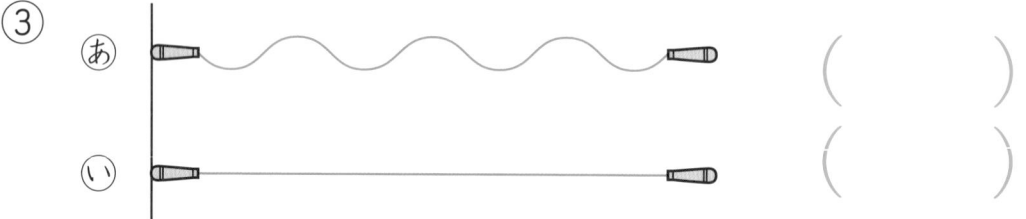

③ あ （　　　）
　 い （　　　）

2 たてと よこでは どちらが ながいですか。
〔1もん 10てん〕

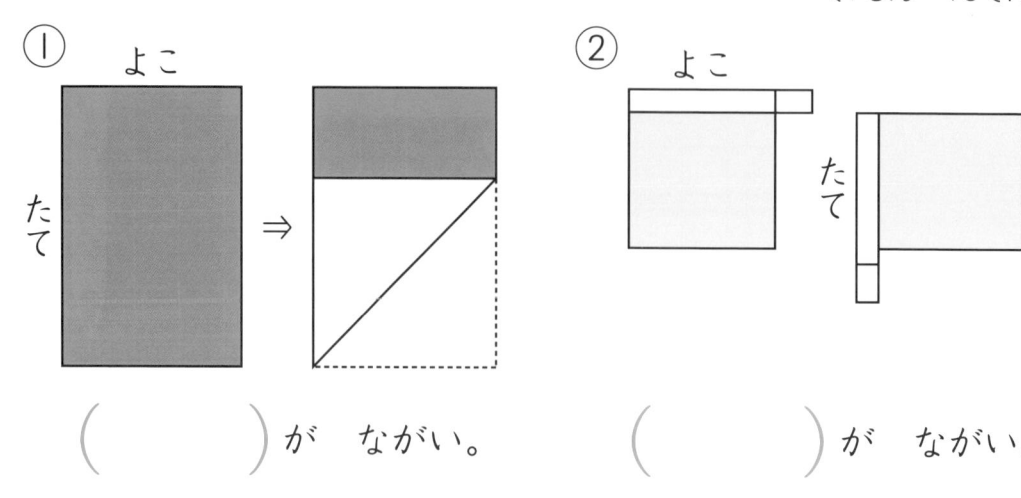

① よこ たて
　⇒

（　　　　　）が ながい。

② よこ たて

（　　　　　）が ながい。

③ どちらが どれだけ ながいですか。 〔1もん 10てん〕

①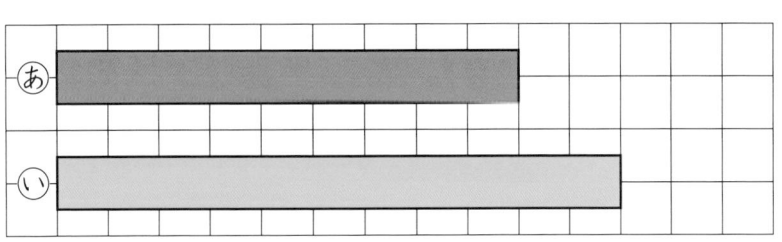

［　　　］ の ほうが ［　　　］ ますぶん ながい。

②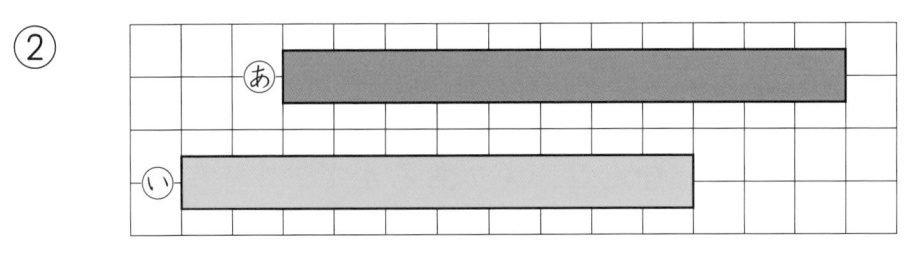

［　　　］ の ほうが ［　　　］ ますぶん ながい。

④ ながい じゅんに ⓐから ⓔで こたえましょう。

〔30てん〕

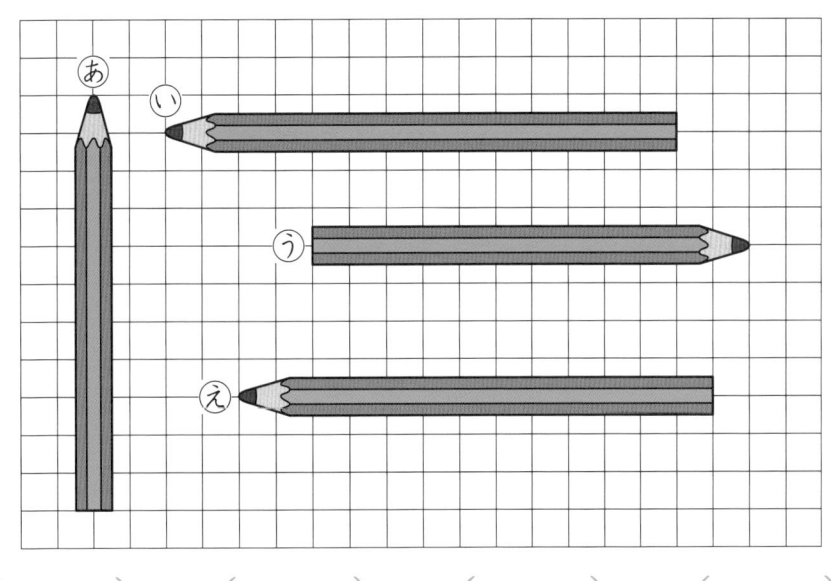

(　　) ⇒ (　　) ⇒ (　　) ⇒ (　　)

さきどりチャレンジ①

おぼえよう

ものさしの したのような ながさが **1センチメートル(cm)**

1 cm

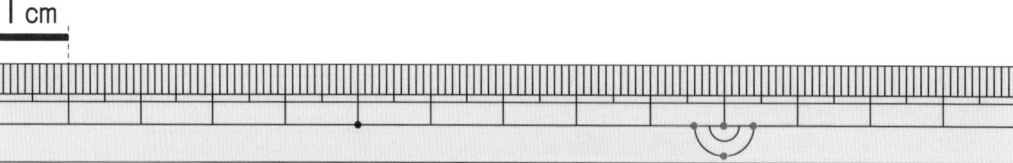

ながさは，1cmが なんこぶん あるかで
あらわす ことが できます。

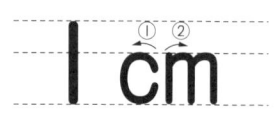
1 cm

1 なんcmですか。　　　　　　　　　　〔1もん 15てん〕

①

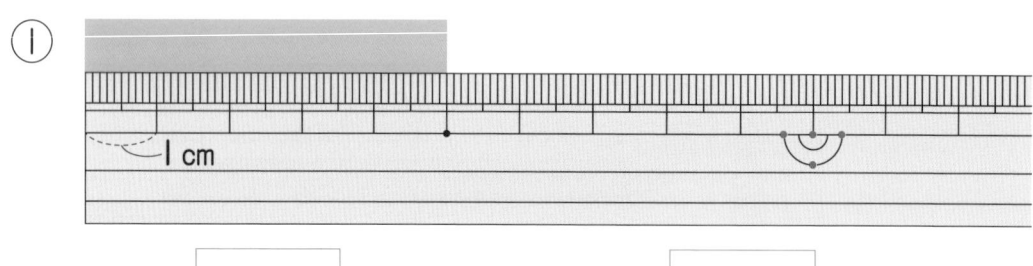
1 cm

1 cmの □ こぶん あるので □ cmです。

②

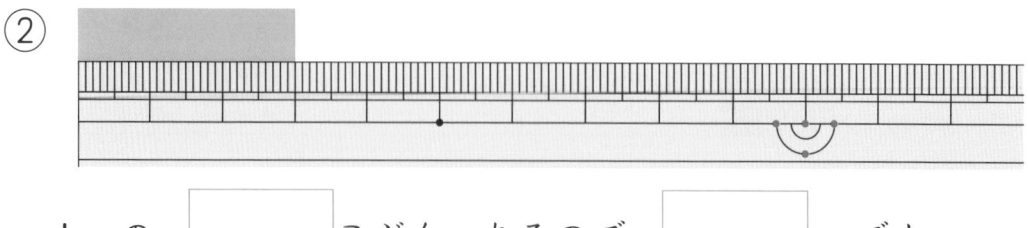

1 cmの □ こぶん あるので □ cmです。

 かみの よこの ながさを ただしく はかって いるの
は あ, いの どちらですか。　〔10てん〕

あ
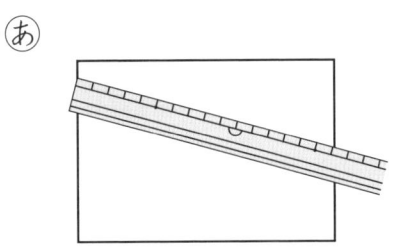

い
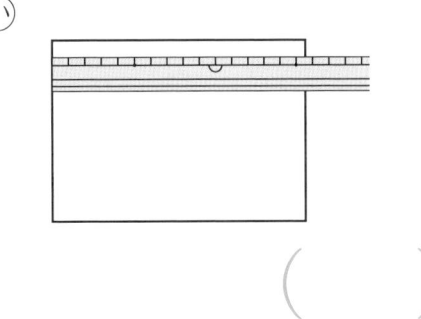

（　　）

 ながさは なんcmですか。　〔1もん　20てん〕

①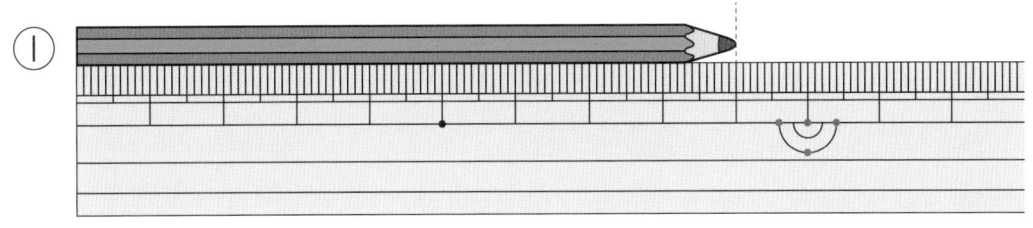

① ☐ cm

② ③
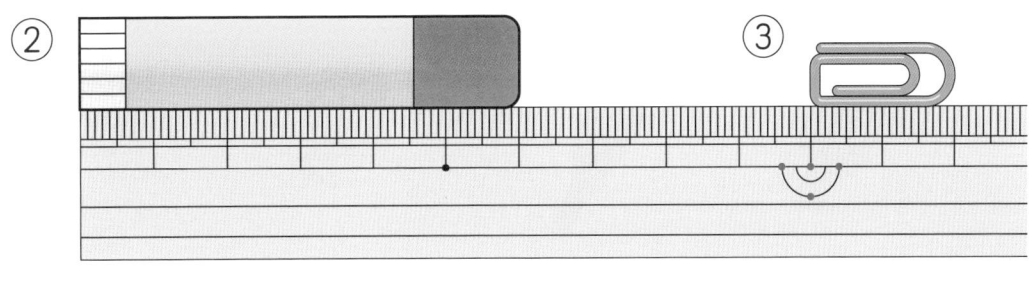

② ☐ cm　　③ ☐ cm

せんちめえとる
センチメートルを つかうと
ながさが あらわしやすく なるね。

········ 27 ········

かさくらべ①

 ポイント

 あ

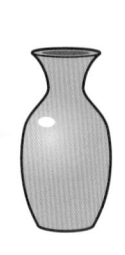 い

みずを
いっぱい
いれた。

あの　ほうが
おおいね！

　おなじ　おおきさの
いれものに　うつして，みずの　たかさで，みずの
りょうを　くらべる　ことが　できます。

1　どちらが　おおく　はいって　いますか。おおい　ほうの
（　　）に　○を　つけましょう。　　　　　〔1もん　15てん〕

① ②

あ 　　　い 　　　あ 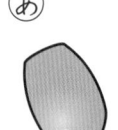　　　い

（　　　　）（　　　　）　　（　　　　）（　　　　）

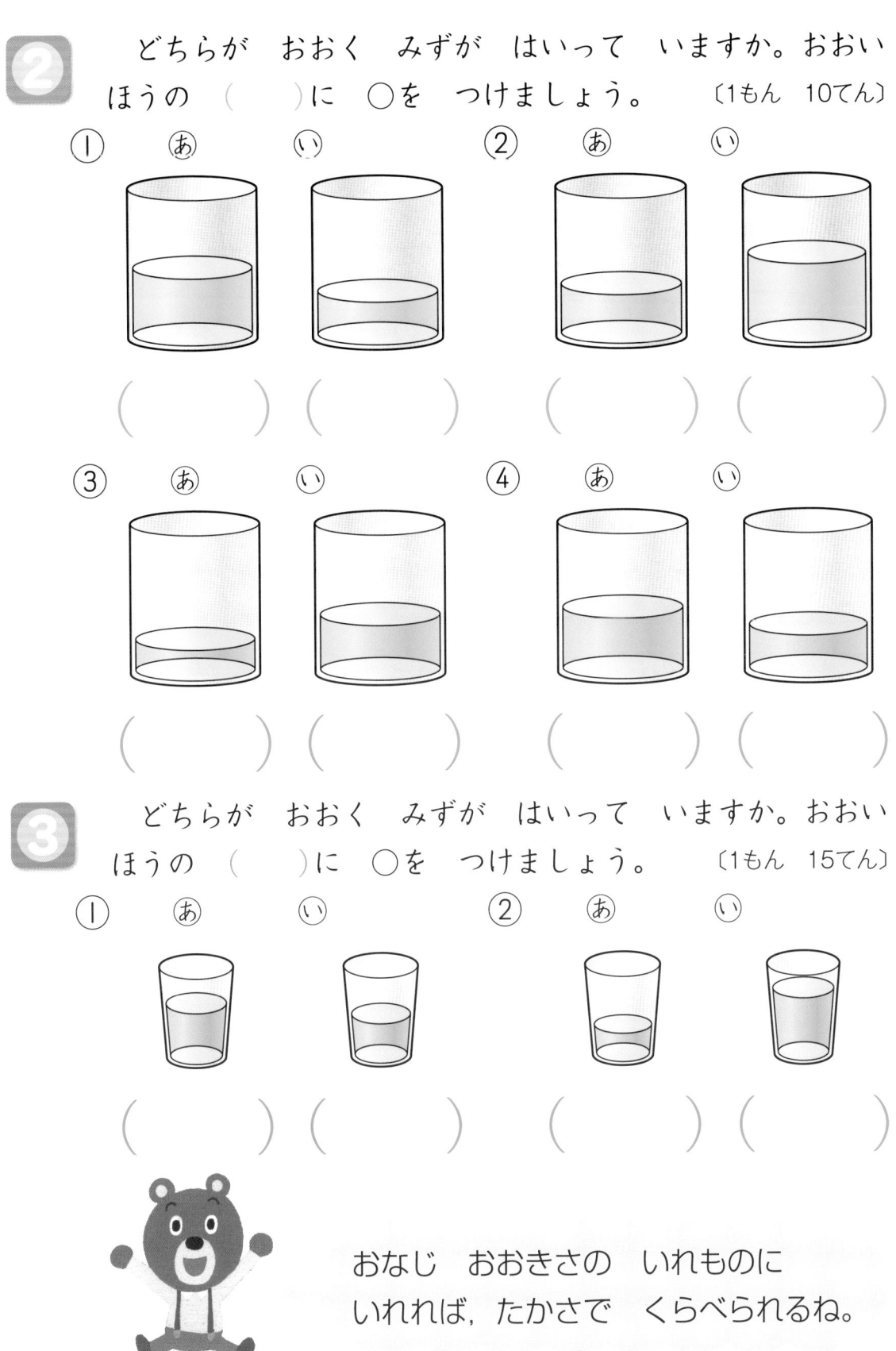

2 どちらが おおく みずが はいって いますか。おおい ほうの （　　）に ○を つけましょう。〔1もん 10てん〕

① ㋐ ㋑ ② ㋐ ㋑

（　　　）（　　　） （　　　）（　　　）

③ ㋐ ㋑ ④ ㋐ ㋑

（　　　）（　　　） （　　　）（　　　）

3 どちらが おおく みずが はいって いますか。おおい ほうの （　　）に ○を つけましょう。〔1もん 15てん〕

① ㋐ ㋑ ② ㋐ ㋑

（　　　）（　　　） （　　　）（　　　）

おなじ おおきさの いれものに いれれば、たかさで くらべられるね。

👉ポイント

あ　　　い

みずの　たかさは　おなじでも，
⒤の　いれものの　ほうが
おおきいので　⒤の　ほうが
おおく　はいって　いる　ことが
わかります。

みずの　たかさは　おなじ…

1 いれものに　みずが　はいって　います。みずが　おおい
ほうの　（　　）に　○を　つけましょう。　〔1もん　10てん〕

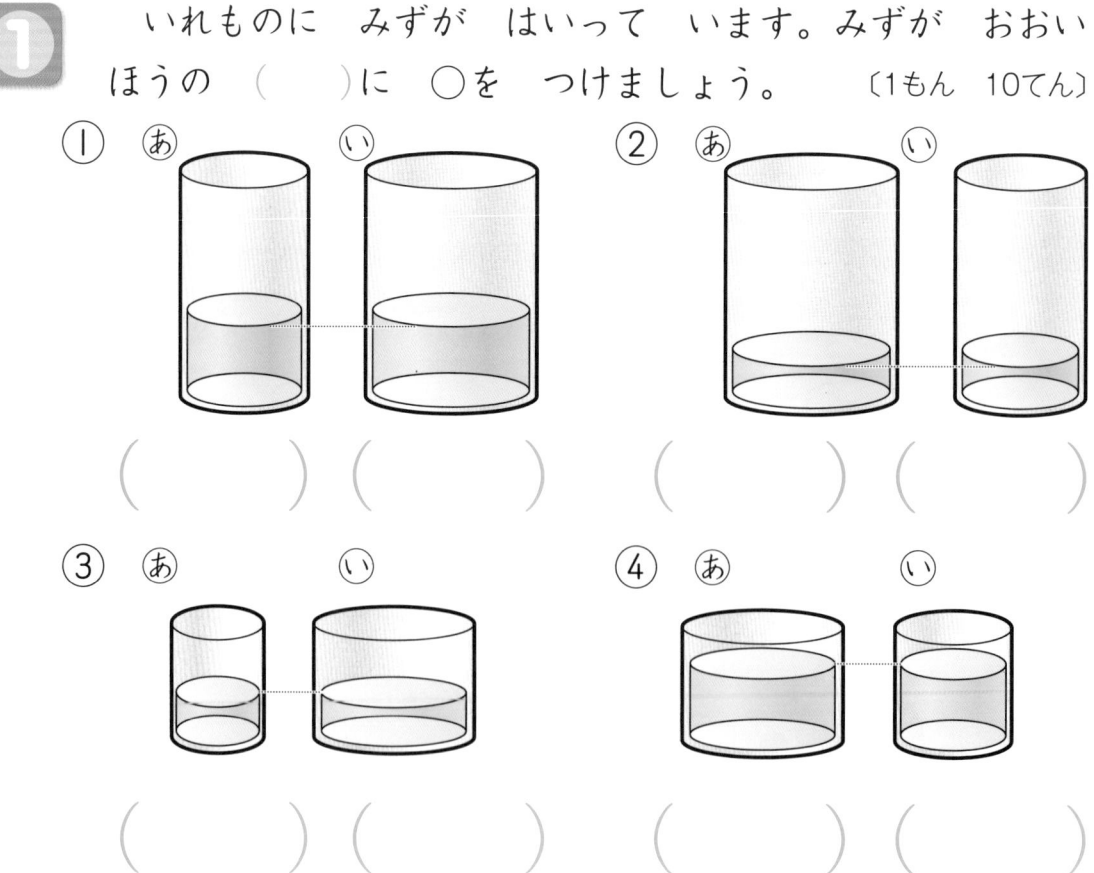

①　あ　　　い

（　　　）（　　　）

②　あ　　　い

（　　　）（　　　）

③　あ　　　い

（　　　）（　　　）

④　あ　　　い

（　　　）（　　　）

2 いれものに みずが はいって います。みずが おおい
ほうの （　）に ○を つけましょう。　〔1もん　10てん〕

① ⓐ　　　ⓘ　　　　② ⓐ　　　　ⓘ

（　　）（　　）　　　（　　）（　　）

③ ⓐ　　　ⓘ　　　　④ ⓐ　　　　ⓘ

（　　）（　　）　　　（　　）（　　）

3 いれものに みずが はいって います。みずが おおい
ほうの （　）に ○を つけましょう。　〔1もん　10てん〕

① ⓐ　　　ⓘ　　　　② ⓐ　　　　ⓘ

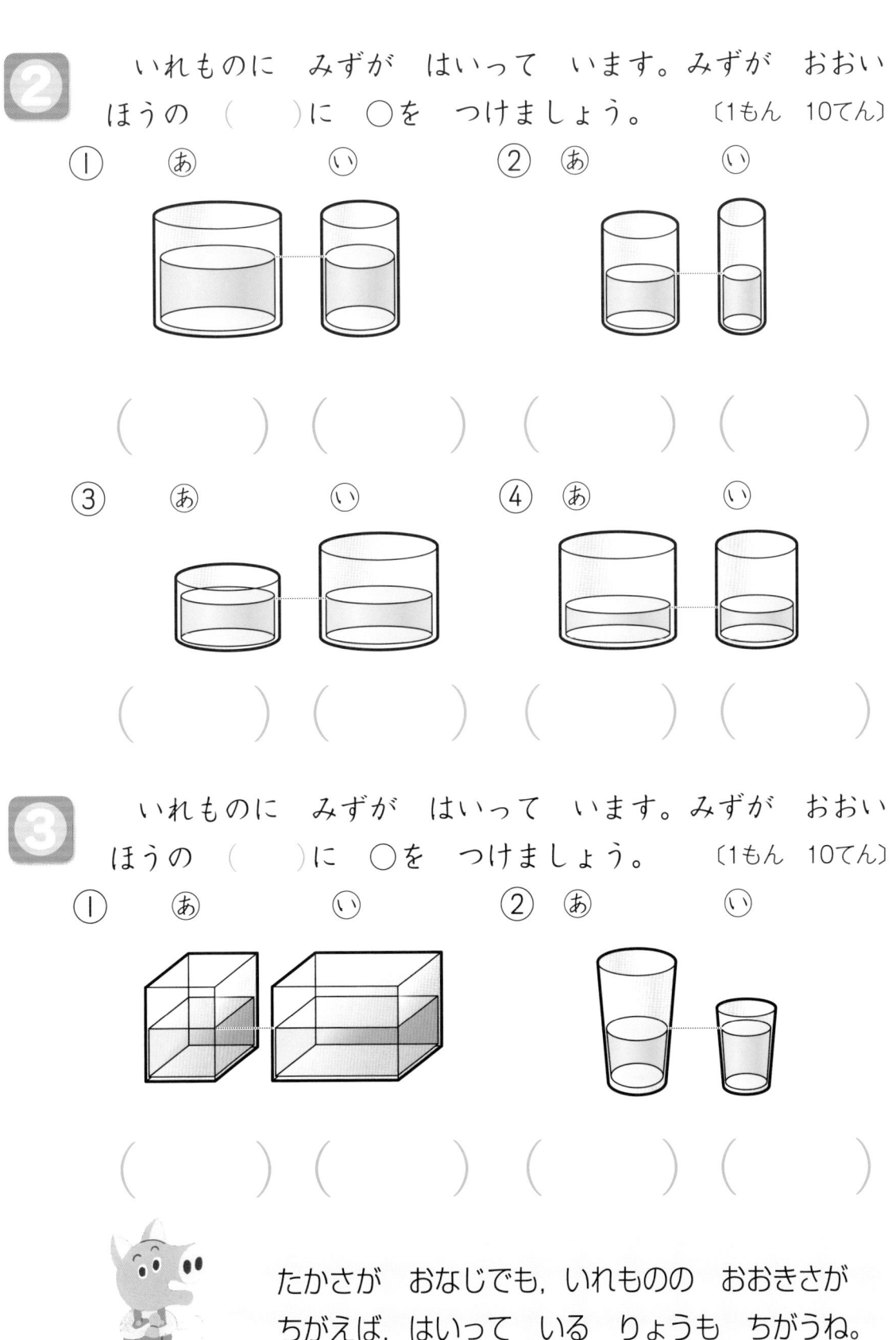

（　　）（　　）　　　（　　）（　　）

たかさが おなじでも, いれものの おおきさが
ちがえば, はいって いる りょうも ちがうね。

15 かさ③ かさくらべ③

1 いれものに みずが はいって います。みずが おおい
ほうの （　　）に ○を つけましょう。　〔1もん 6てん〕

① あ　　　い　　　　　② あ　　　い

（　　）（　　）　　　（　　）（　　）

③ あ　　　い　　　　　④ あ　　　い

（　　）（　　）　　　（　　）（　　）

⑤ あ　　　い　　　　　⑥ あ　　　い

（　　）（　　）　　　（　　）（　　）

② いれものに　みずが　はいって　います。みずが　おおい
ほうの　（　　）に　○を　つけましょう。　　〔1もん　8てん〕

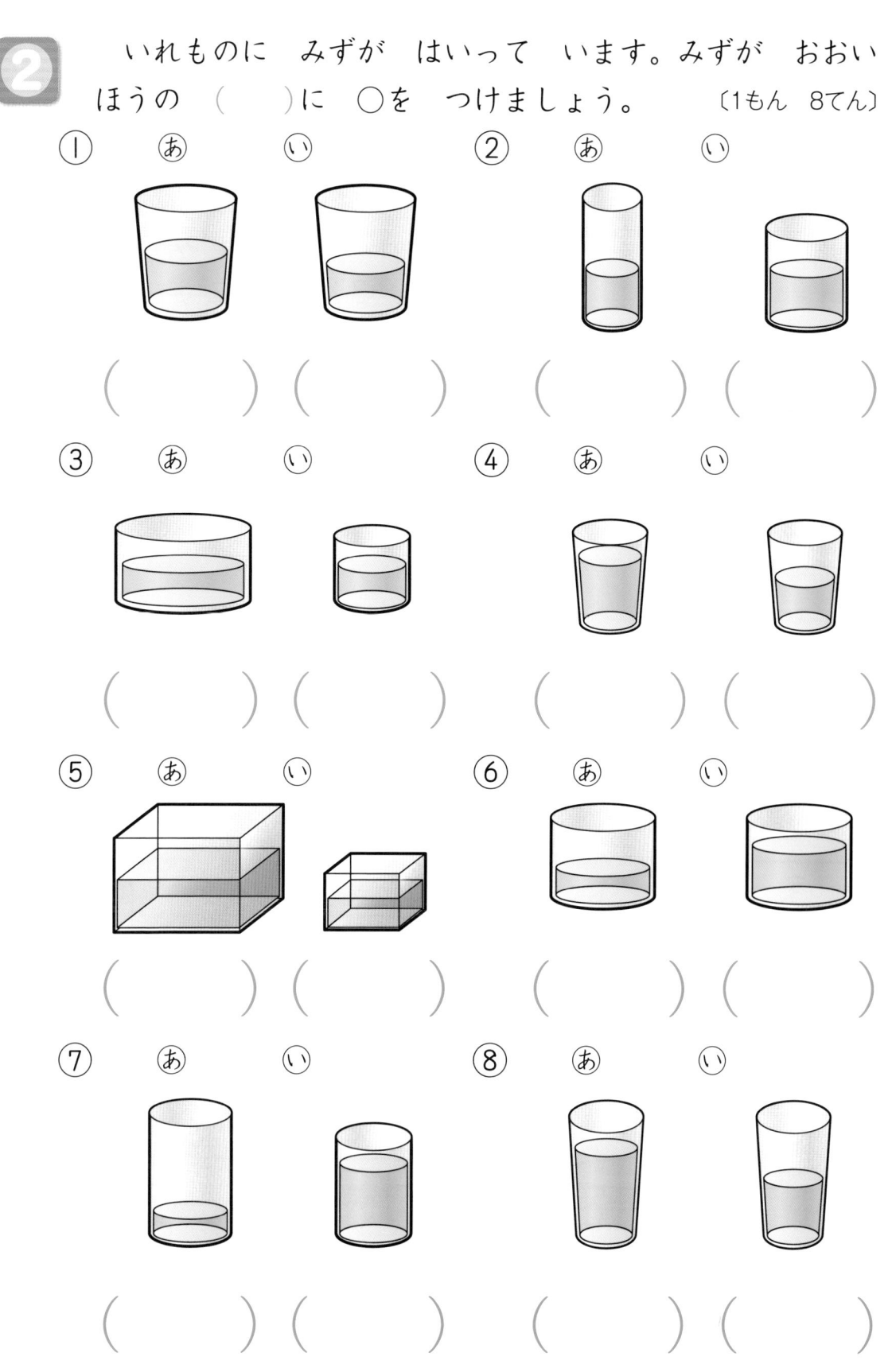

① あ　　い

（　　　　）（　　　　）

② あ　　い

（　　　　）（　　　　）

③ あ　　い

（　　　　）（　　　　）

④ あ　　い

（　　　　）（　　　　）

⑤ あ　　い

（　　　　）（　　　　）

⑥ あ　　い

（　　　　）（　　　　）

⑦ あ　　い

（　　　　）（　　　　）

⑧ あ　　い

（　　　　）（　　　　）

16 かさ④
かさくらべ④

とくてん　　　てん

こたえ➡べっさつ7ページ

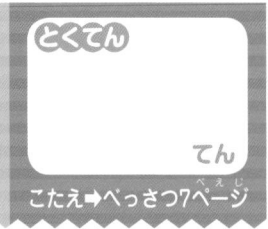

1　いれものに　みずが　はいって　います。みずが　おおい　じゅんに，（　）に　1，2，3と　ばんごうを　かきましょう。〔1もん　10てん〕

①　あ 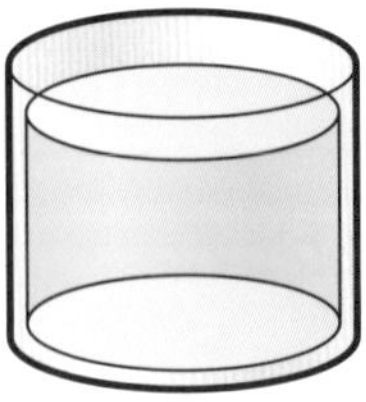 （　）　い 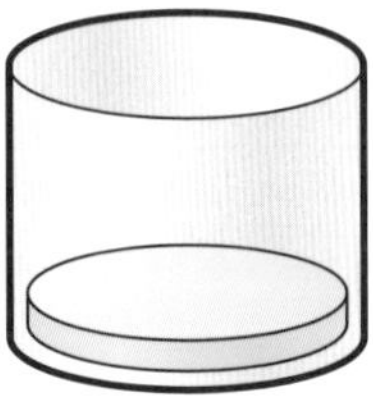 （　）　う 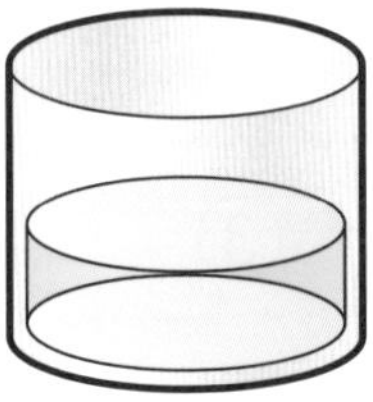 （　）

②　あ 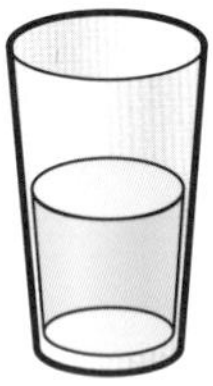 （　）　い 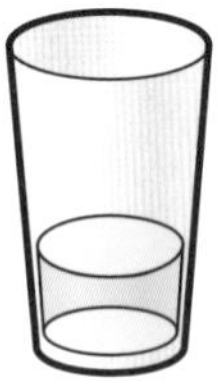 （　）　う 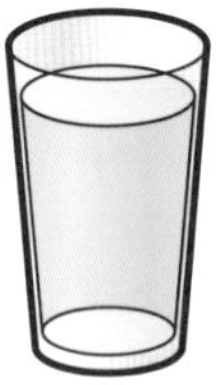 （　）

③　あ 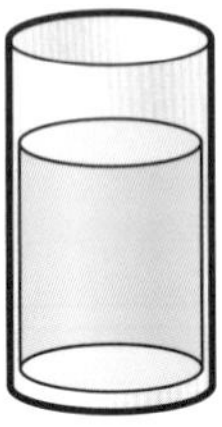 （　）　い 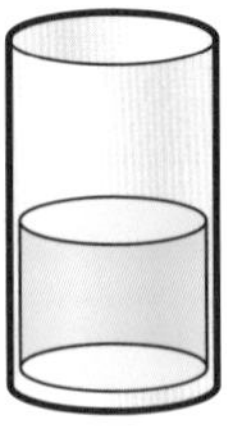 （　）　う 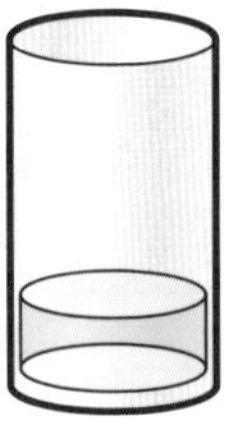 （　）

④　あ 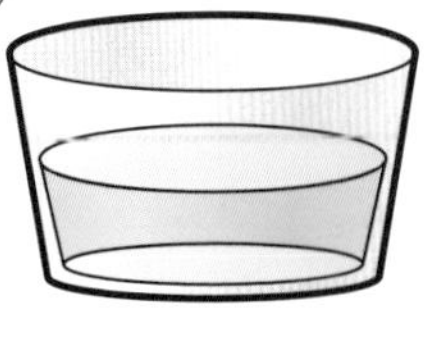 （　）　い 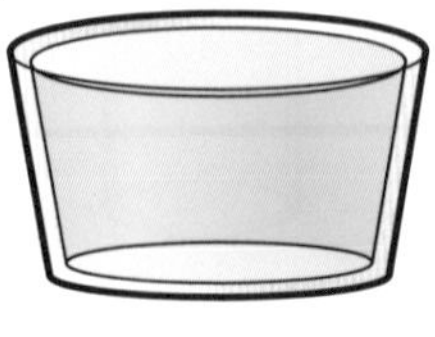 （　）　う 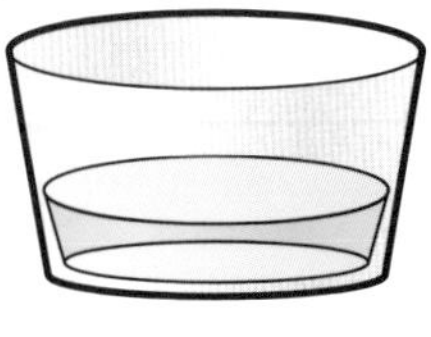 （　）

2 いれものに みずが はいって います。みずが おおい じゅんに, （　　）に 1，2，3と ばんごうを かきましょう。

〔1もん　15てん〕

① あ　　　　い　　　　う

（　　　　）　　（　　　　）　　（　　　　）

② あ　　　　い　　　　う

（　　　　）　　（　　　　）　　（　　　　）

③ あ　　　　い　　　　う

（　　　　）　　（　　　　）　　（　　　　）

3 おおきさの ちがう はこが 3つ あります。おおきい じゅんに, （　　）に 1，2，3と ばんごうを かきましょう。

〔15てん〕

あ　　　　い　　　　う

（　　　　）　　（　　　　）　　（　　　　）

17 かさ⑤ かさくらべ⑤

ポイント

みずを いっぱい いれた。 ⇒

6ぱい

4はい

おなじ コップを つかって，みずの かさを くらべる ことが できます。

あの ほうが おおいね！

① あ，いの どちらの ほうが みずが おおく はいって いましたか。 〔1もん 20てん〕

①

 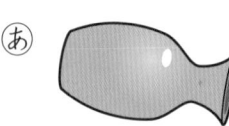 

(あ)

②

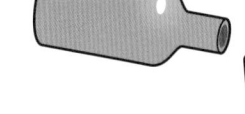 

(　)

2 ⓐ, ⓘの どちらの ほうが みずが おおく はいって いましたか。　〔1もん　20てん〕

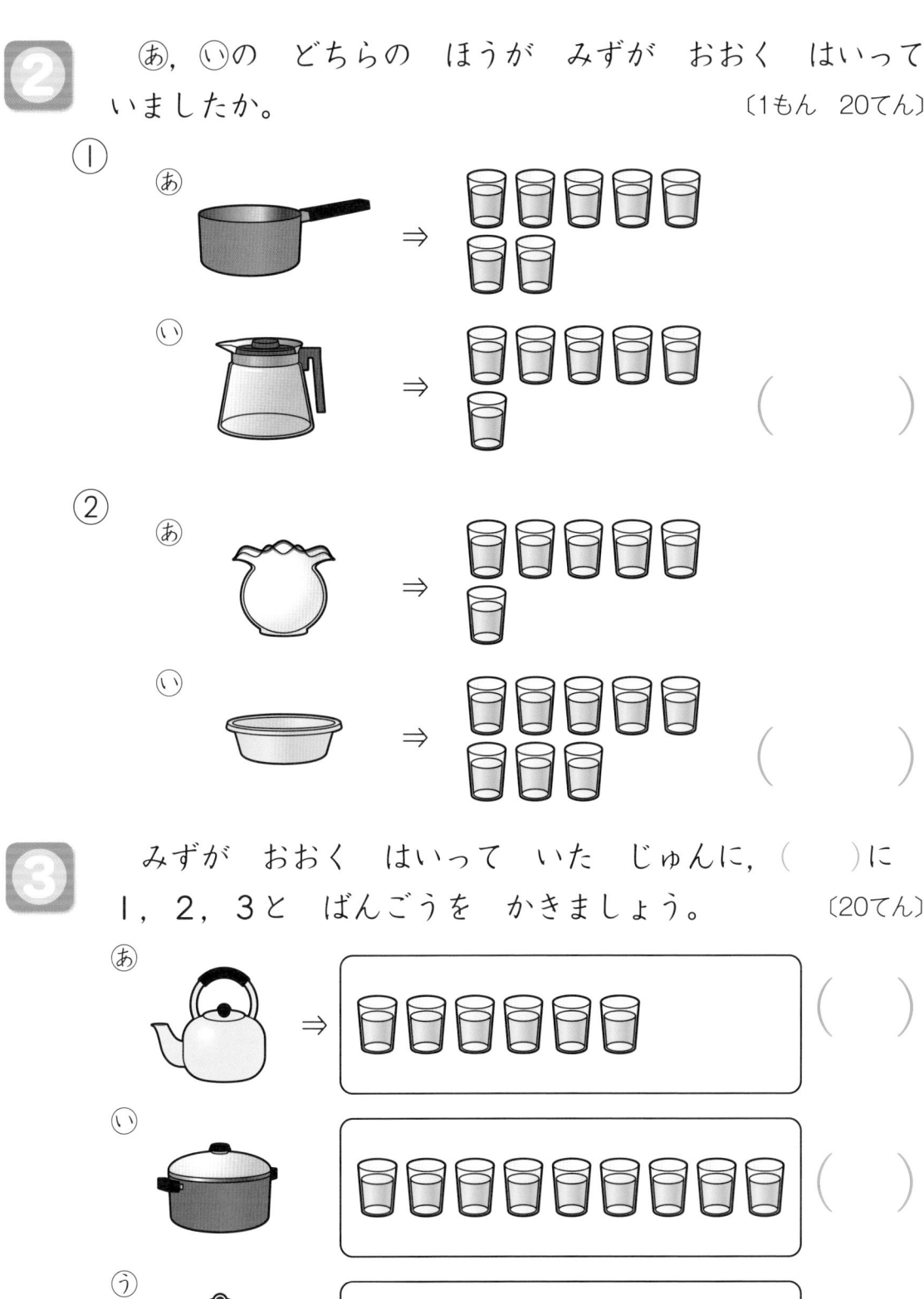

① ⓐ ⇒

ⓘ ⇒ （　　　）

② ⓐ ⇒

ⓘ ⇒ （　　　）

3 みずが おおく はいって いた じゅんに，（　）に 1，2，3と ばんごうを かきましょう。　〔20てん〕

ⓐ ⇒ （　）

ⓘ （　）

ⓤ （　）

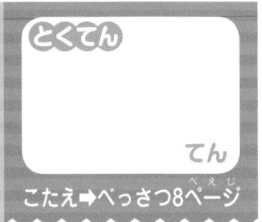

18 かさ⑥
かさくらべ⑥

とくてん　　てん

こたえ➡べっさつ8ページ

1 みずは　どちらの　いれものに　どれだけ　おおく　はいって　いましたか。〔1つ　8てん〕

① あ

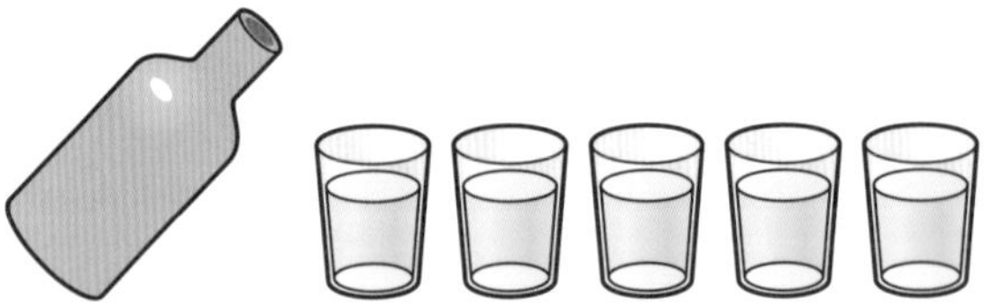

あ □はいぶん

い

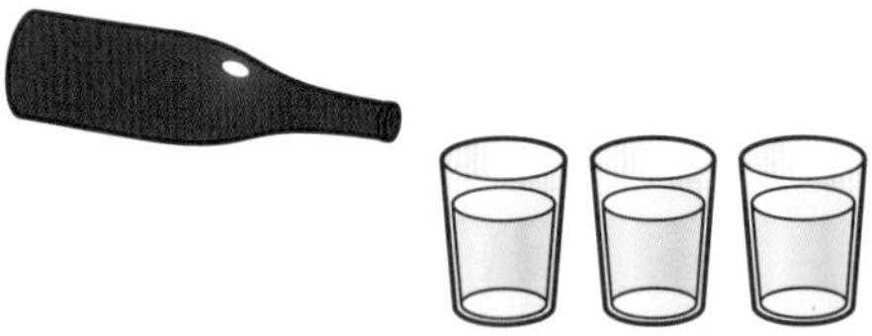

い □ばいぶん

□の　ほうが　コップ　□はいぶん　おおい。

② あ

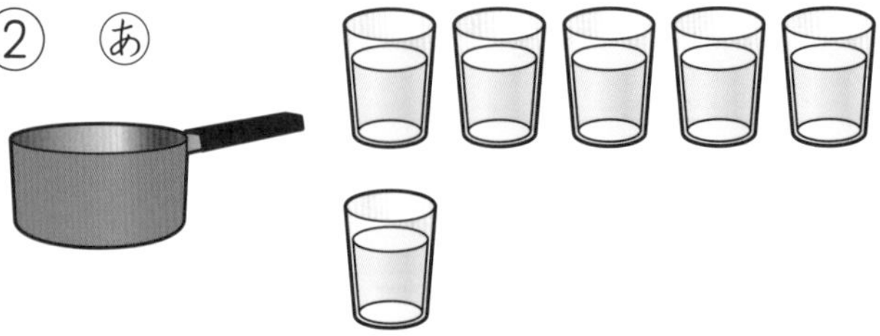

あ □ぱいぶん

い

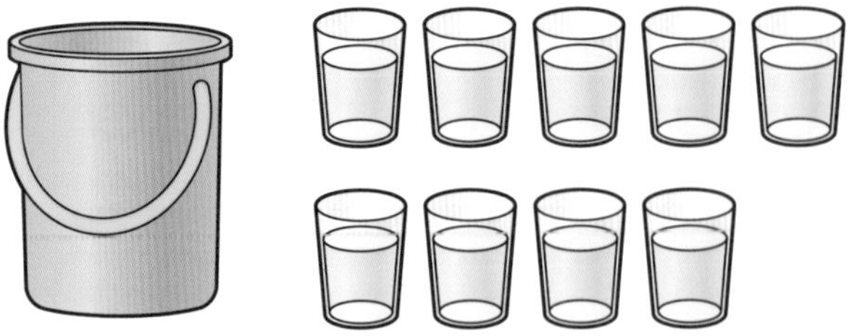

い □はいぶん

□の　ほうが　コップ　□ばいぶん　おおい。

2 いれものに はいって いた みずを コップに うつし
かえました。 〔1つ 6てん〕

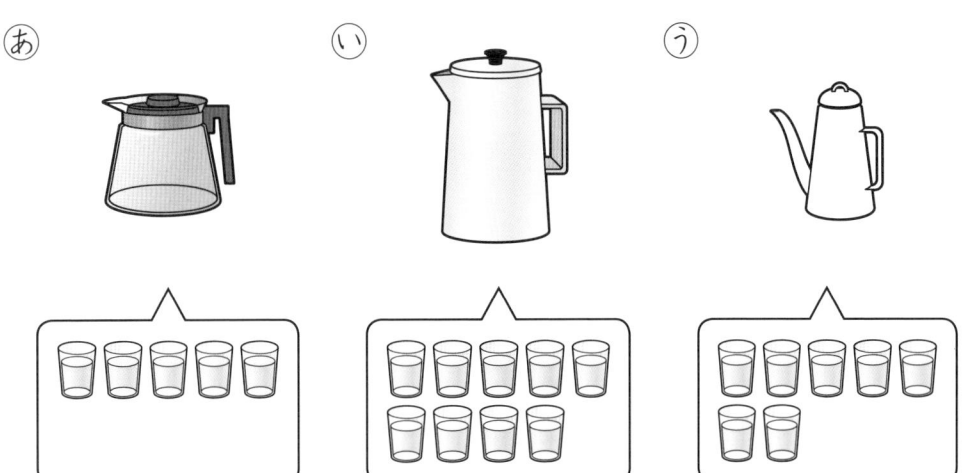

① それぞれの いれものには, コップで なんばいぶんの
みずが はいって いましたか。

あ ☐ はい い ☐ はい う ☐ はい

② みずが いちばん おおく はいって いたのは, あ, い,
うの どれですか。

( )

③ 2ばんめに みずが おおく はいって いたのは, あ,
い, うの どれですか。

( )

④ いの いれものには, あの いれものより コップ なん
ばいぶん おおく はいって いましたか。

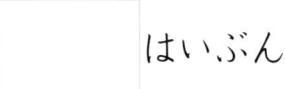 はいぶん

かさ⑦
まとめ

とくてん

てん

こたえ➡べっさつ9ページ

❶ いれものに みずが はいって います。あ, いの どちらの ほうが みずが おおいですか。 〔1もん 10てん〕

① あ　　　い　　　　② あ　　　い

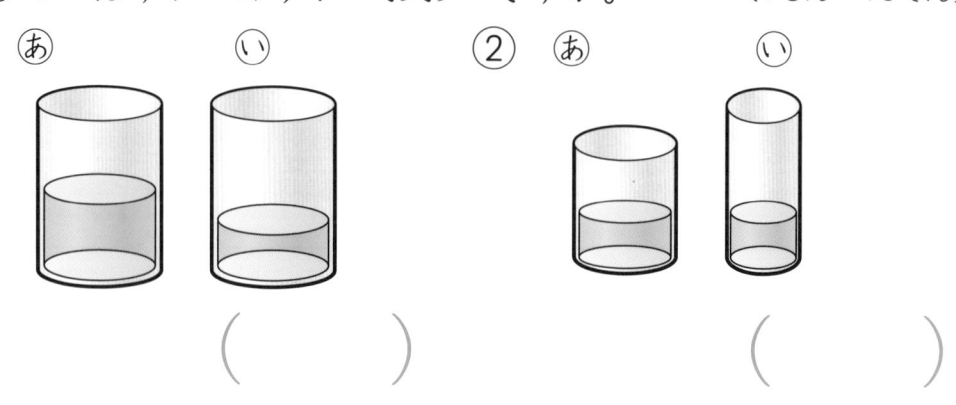

（　　）　　　　　（　　）

❷ あ, い, う, えで こたえましょう。 〔1もん 15てん〕

あ 　　　　　い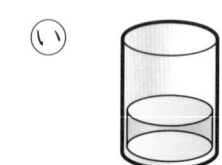

う 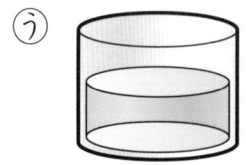　　　　　え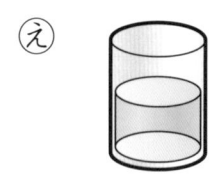

① みずの かさが いちばん おおいのは
どれですか。

（　　）

② みずの かさが いちばん すくないのは
どれですか。

（　　）

③　みずは，どちらの　いれものに　どれだけ　おおく
はいって　いましたか。　　　　　　　　　　　　　〔20てん〕

あは 🥛で [   ] ぱい　　いは 🥛で [   ] はい

▶ [   ] の　ほうが，[   ] はいぶん　おおい。

④　みずが　おおく　はいって　いた　じゅんに，（　　）に
１，２，３と　ばんごうを　かきましょう。　　　　〔20てん〕

⑤　あ，いの　どちらの　はこの　ほうが　おおきいですか。
　　　　　　　　　　　　　　　　　　　　　　　　　〔10てん〕

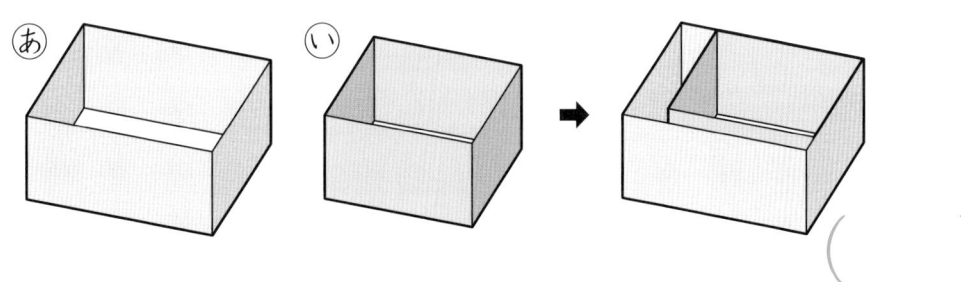

（　　　）

おぼえよう

みずの かさは, したの ような ますを
つかって はかる ことが できます。

1dLが 10こで
1Lだよ。

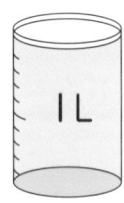

かさは, 1dL や
1L が なんこぶん
あるかで あらわす
ことが できます。

1デシリットル　1リットル

れい

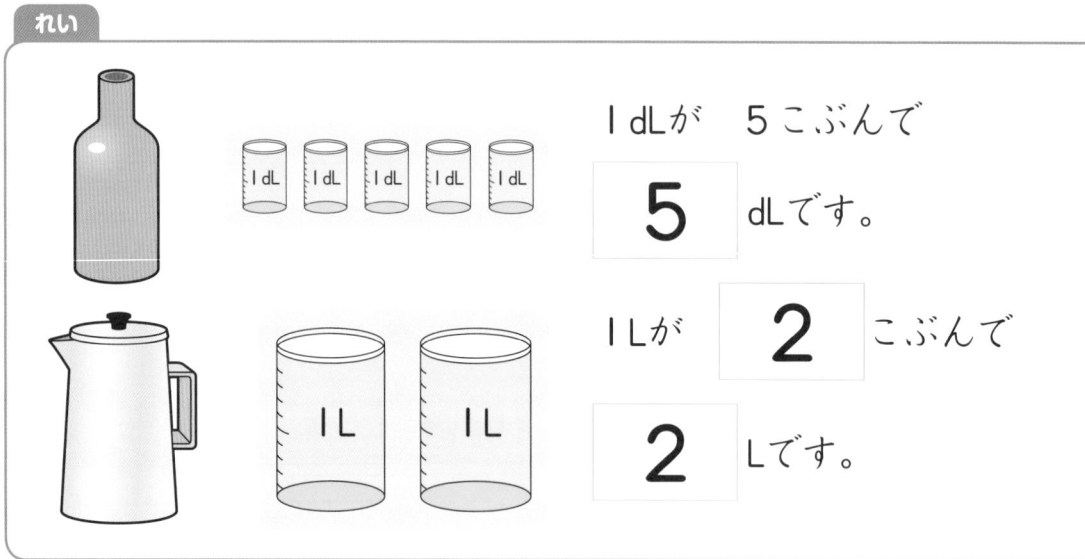

1dLが 5こぶんで

5 dLです。

1Lが 2 こぶんで

2 Lです。

① なんL ですか。

〔20てん〕

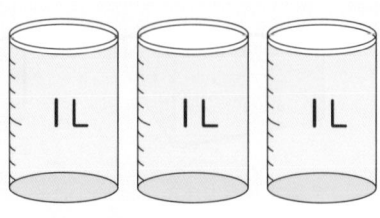

1Lが ☐ こ

ぶんで ☐ L

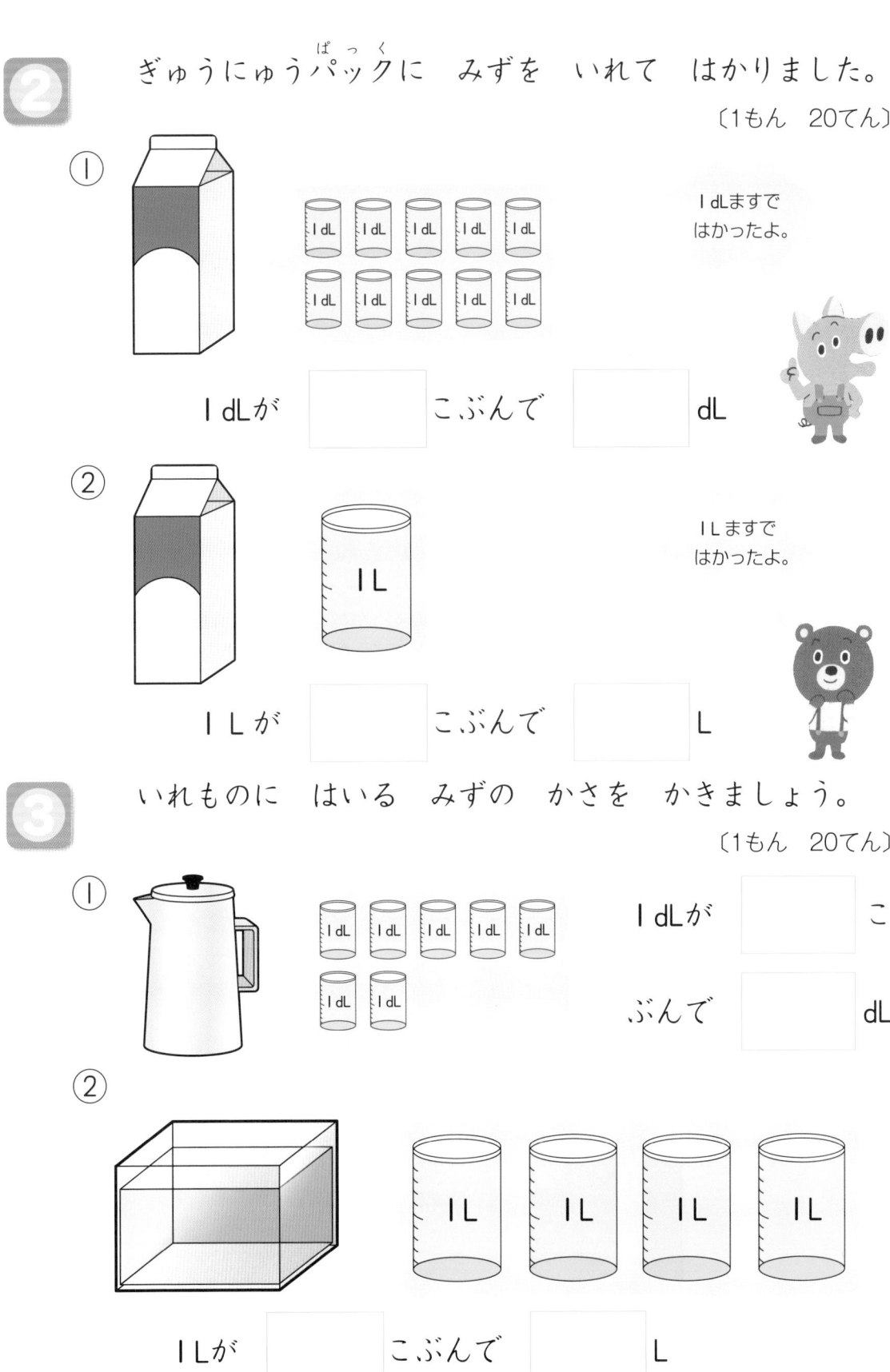

2 ぎゅうにゅうパックに みずを いれて はかりました。

〔1もん 20てん〕

①

1 dL ますで
はかったよ。

1 dLが ☐ こぶんで ☐ dL

②

1 L ますで
はかったよ。

1 Lが ☐ こぶんで ☐ L

3 いれものに はいる みずの かさを かきましょう。

〔1もん 20てん〕

①

1 dLが ☐ こ ぶんで ☐ dL

②

1 Lが ☐ こぶんで ☐ L

21 ひろさくらべ①

とくてん

てん

こたえ➡べっさつ9ページ

ポイント

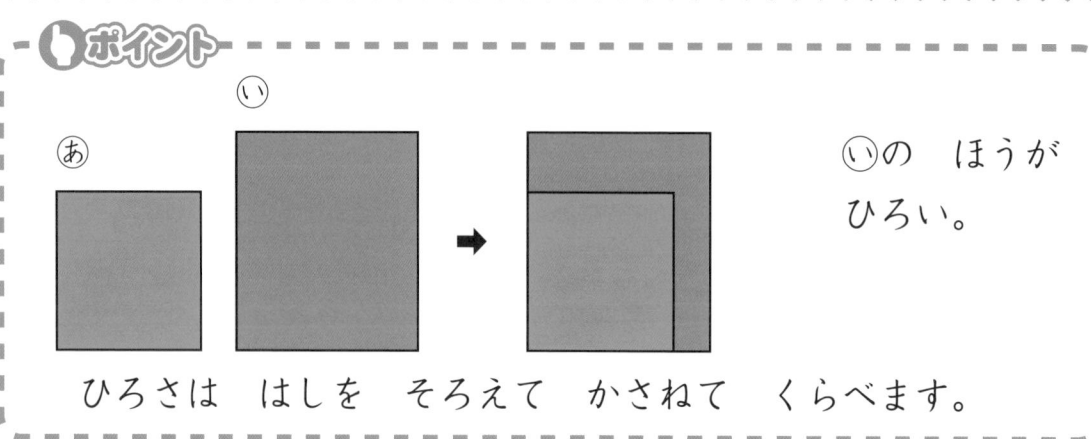

⑪の ほうが
ひろい。

ひろさは はしを そろえて かさねて くらべます。

1 ひろさを くらべます。くらべかたの ただしい ものに
は ○, まちがって いる ものには ×を （　）に
つけましょう。 〔1もん 8てん〕

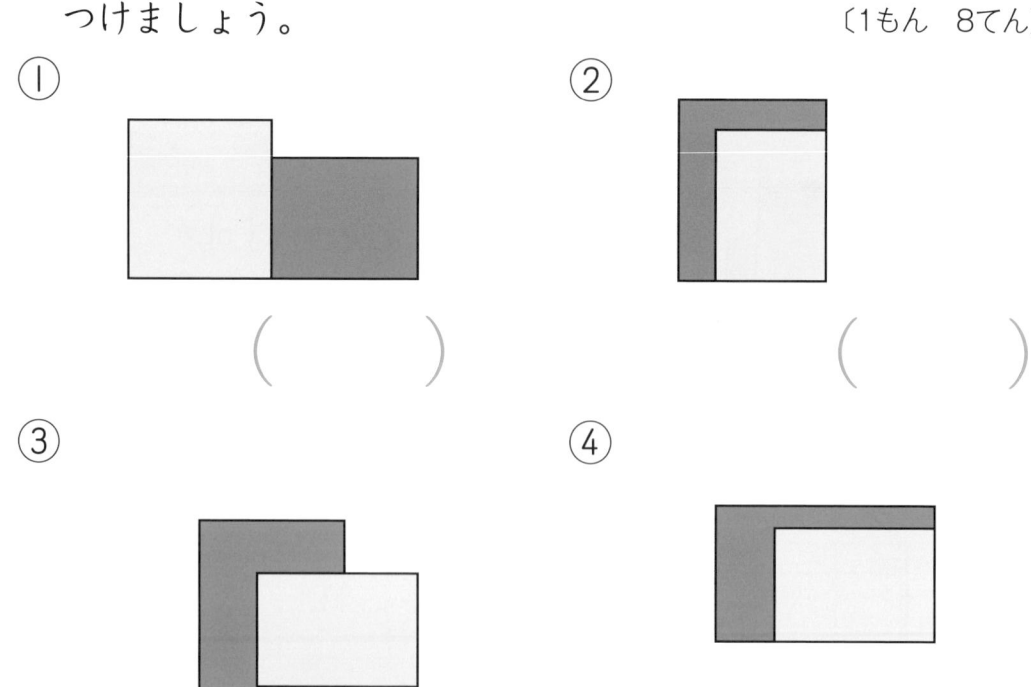

① （　　　）

② （　　　）

③ （　　　）

④ （　　　）

2 くらべかたの ただしい ものには ○, まちがって
いる ものには ×を （　　）に つけましょう。

〔1もん 8てん〕

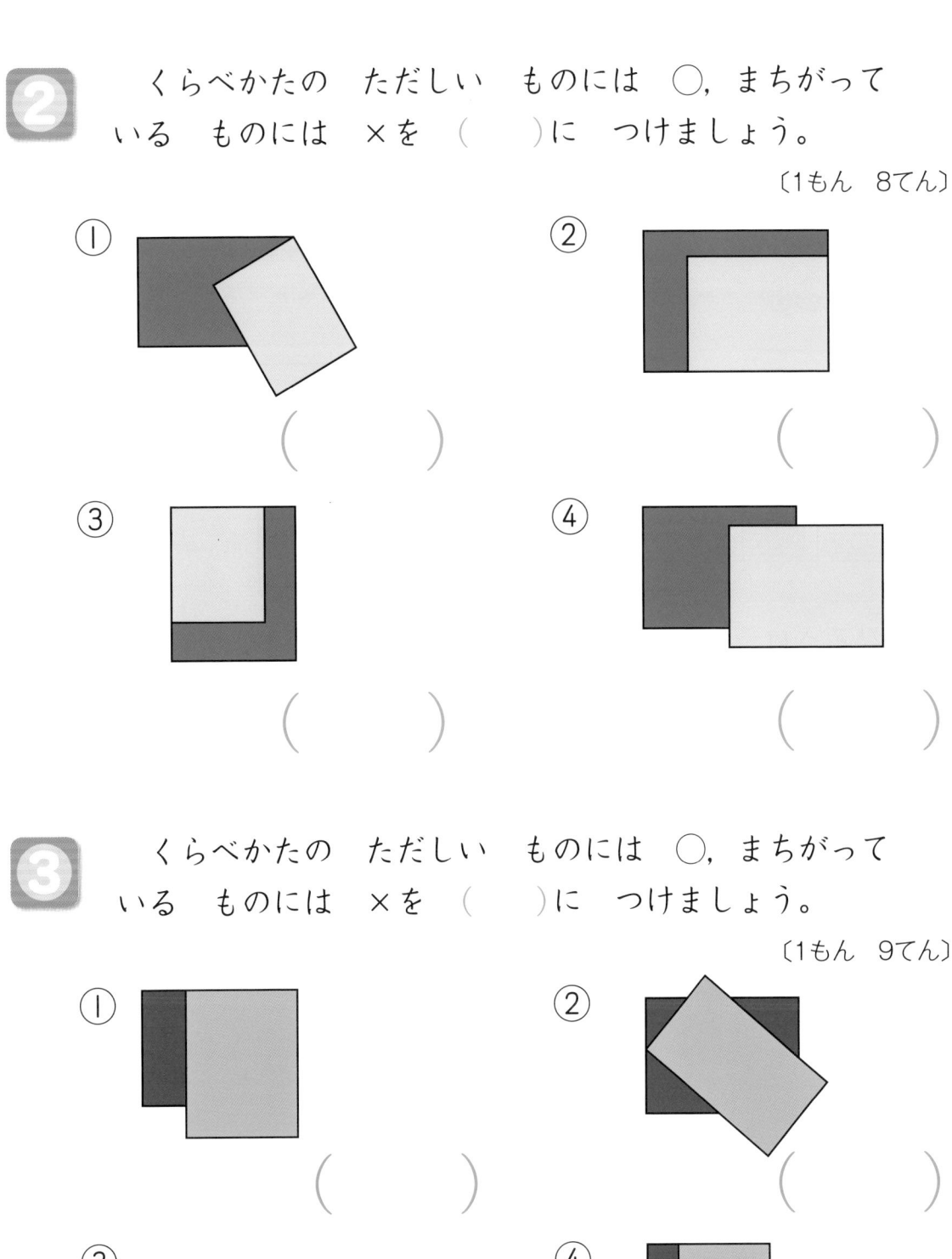

① 　　　　　　　　　　　　　　　 ②

（　　　　　）　　　　　　　　　　　（　　　　　）

③ 　　　　　　　　　　　　　　　 ④

（　　　　　）　　　　　　　　　　　（　　　　　）

3 くらべかたの ただしい ものには ○, まちがって
いる ものには ×を （　　）に つけましょう。

〔1もん 9てん〕

① 　　　　　　　　　　　　　　　 ②

（　　　　　）　　　　　　　　　　　（　　　　　）

③ 　　　　　　　　　　　　　　　 ④

（　　　　　）　　　　　　　　　　　（　　　　　）

 ポイント

カード
6まいぶんの
ひろさ

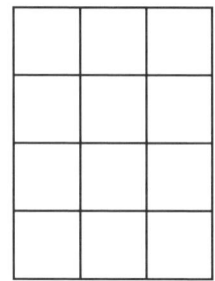

□の
12こぶんの
ひろさ

　ひろさは，おなじ　おおきさの　ものの　いくつぶんや，ますの　いくつぶんで　あらわす　ことが　できます。

　かみの　うえに　トランプを　ならべました。あ，いは　トランプ　なんまいぶんの　ひろさですか。〔1つ　5てん〕

あ
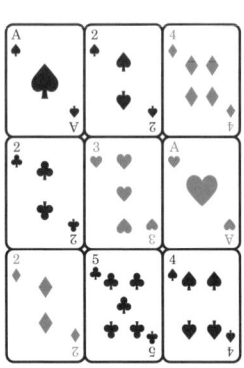

い
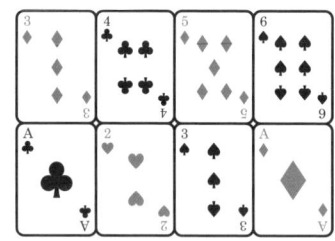

トランプが　なんまい
ならべて　あるかな。

あは  まいぶんの　ひろさです。

いは  まいぶんの　ひろさです。

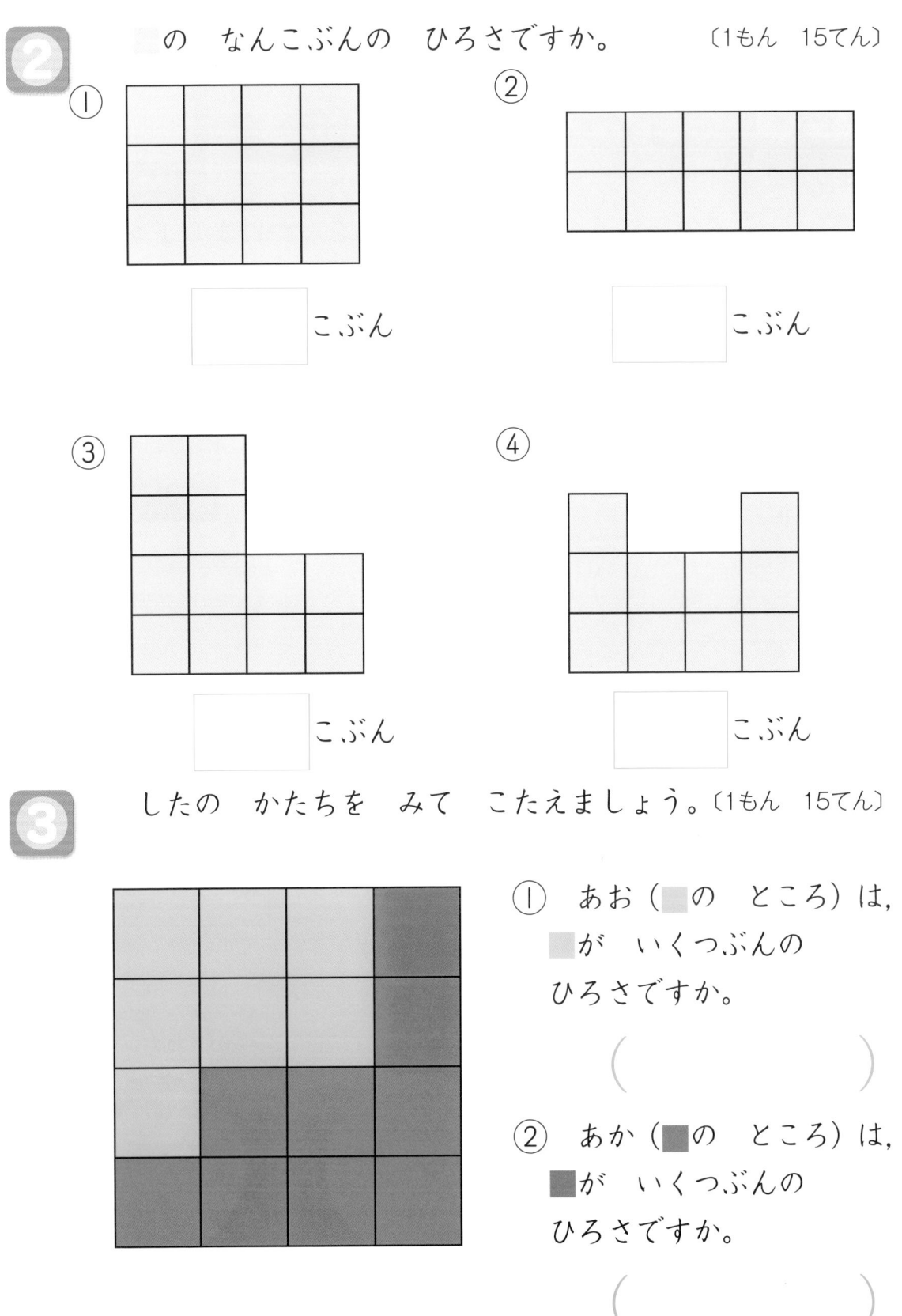

2 ■の　なんこぶんの　ひろさですか。　〔1もん　15てん〕

① □こぶん

② □こぶん

③ □こぶん

④ □こぶん

3 したの　かたちを　みて　こたえましょう。〔1もん　15てん〕

① あお（■の　ところ）は、■が　いくつぶんの　ひろさですか。

（　　　　　　　）

② あか（■の　ところ）は、■が　いくつぶんの　ひろさですか。

（　　　　　　　）

とくてん

てん

こたえ➡べっさつ10ページ

❶ ひろい ほうの （ ）に ○を つけましょう。

〔1もん 20てん〕

① ⓐ　　　　　ⓘ

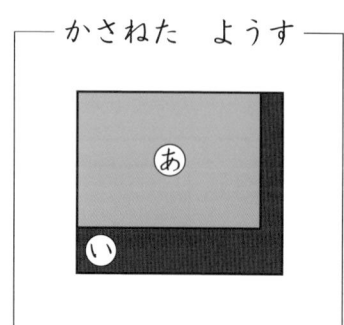

かさねた ようす

（ 　 ）　　（ 　 ）

② ⓐ　　　　　ⓘ

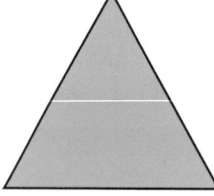

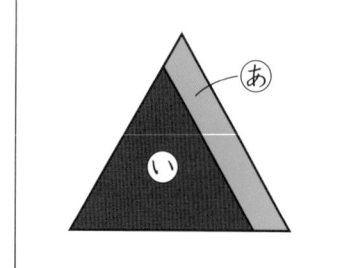

かさねた ようす

（ 　 ）　　（ 　 ）

③ ⓐ　　　　　ⓘ

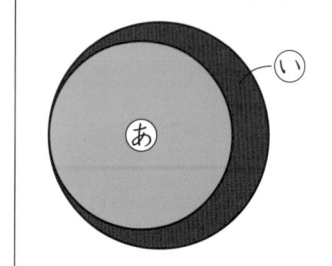

かさねた ようす

（ 　 ）　　（ 　 ）

　あお（■の　ところ）と　あか（■の　ところ）の　どちらが　ひろいですか。

〔1もん　10てん〕

①

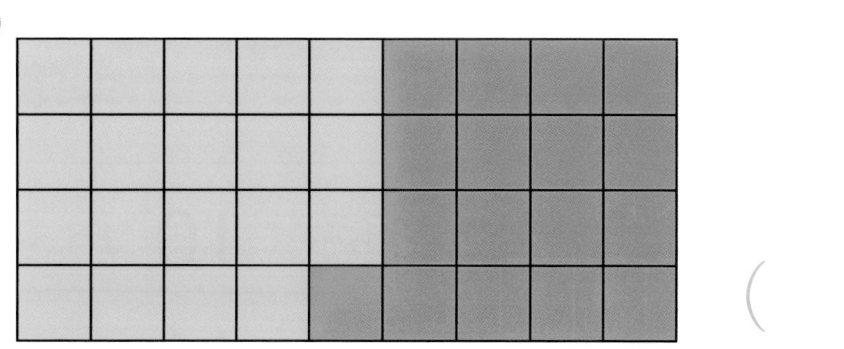

（　　　　　　）

②

（　　　　　　）

③

（　　　　　　）

④

（　　　　　　）

24 ひろさくらべ④

れい

ひろさを くらべます。

あお… **10** ますぶん

しろ… **14** ますぶん

しろの ほうが

4 ますぶん ひろい。

1 あお（　の ところ）と しろ（□の ところ）の どちらが なんますぶん ひろいですか。 〔1もん 20てん〕

①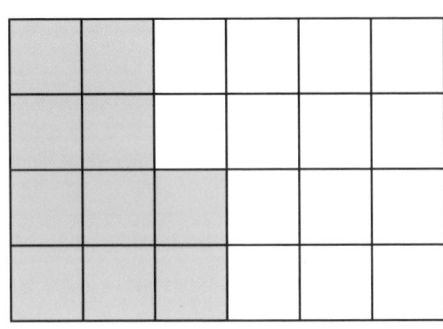

あお…14ますぶん
しろ…10ますぶん

[　] の ほうが

[　] ますぶん ひろい。

②

あお… [　] ますぶん

しろ… [　] ますぶん

あおの ほうが

[　] ますぶん ひろい。

あおと　しろの　どちらが　なんますぶん　ひろいですか。

〔1もん　15てん〕

① 　　　　　　　　　　　　　　　　　　　　□　の　ほうが

　　　　　　　　　　　　　　　　　　　　□　ますぶん　ひろい。

② 　　　　　　　　　　　　　　　　　　　　□　の　ほうが

　　　　　　　　　　　　　　　　　　　　□　ますぶん　ひろい。

③ 　　　　　　　　　　　　　　　　　　　　□　の　ほうが

　　　　　　　　　　　　　　　　　　　　□　ますぶん　ひろい。

④ 　　　　　　　　　　　　　　　　　　　　□　の　ほうが

　　　　　　　　　　　　　　　　　　　　□　ますぶん　ひろい。

ひろさくらべ⑤

❶ かみの うえに シールを ならべました。みぎの □ の なかの シールと おなじ ひろさの ものを **2つ** みつけて （ ）に ○を かきましょう。 〔30てん〕

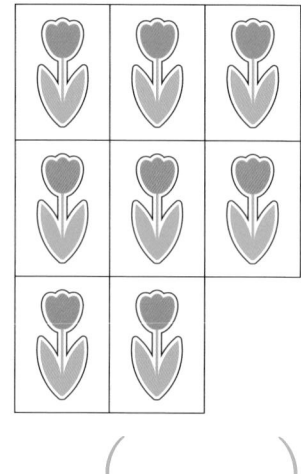

あ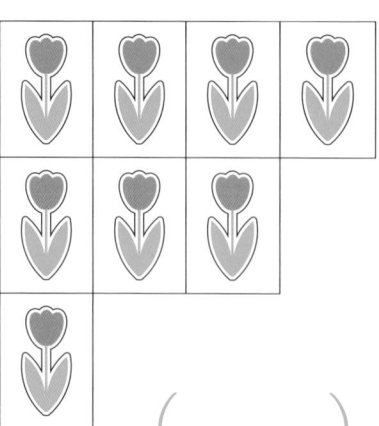

（ ）

い

（ ）

う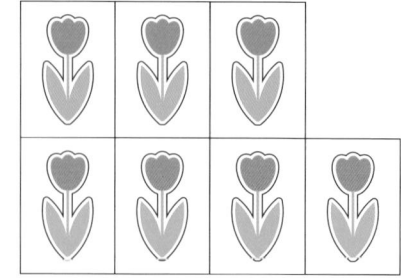

（ ）

え

（ ）

❷ □の なかの ①は あお，②は あかと おなじ ひろさの ものを ぜんぶ みつけて，（　）に ○を かきましょう。

〔1もん　35てん〕

①

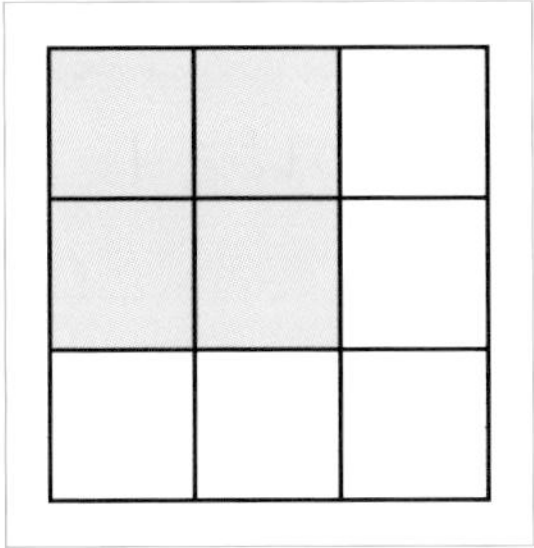

あ 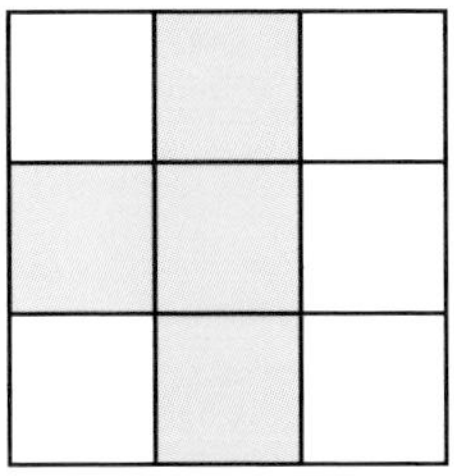 （　　　）　　い （　　　）

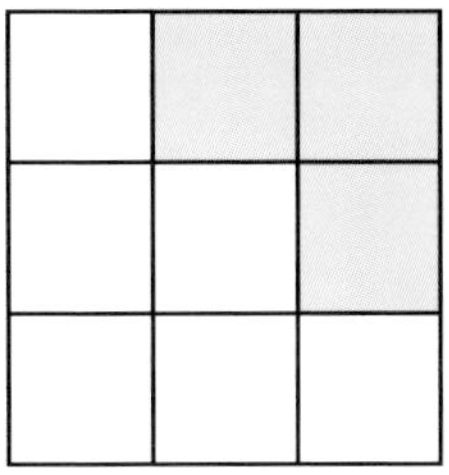

う （　　　）　　え （　　　）　　お （　　　）

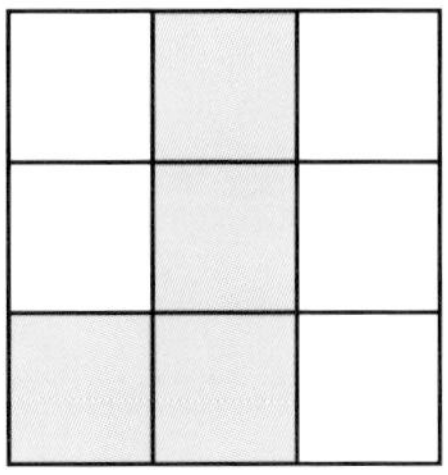

②

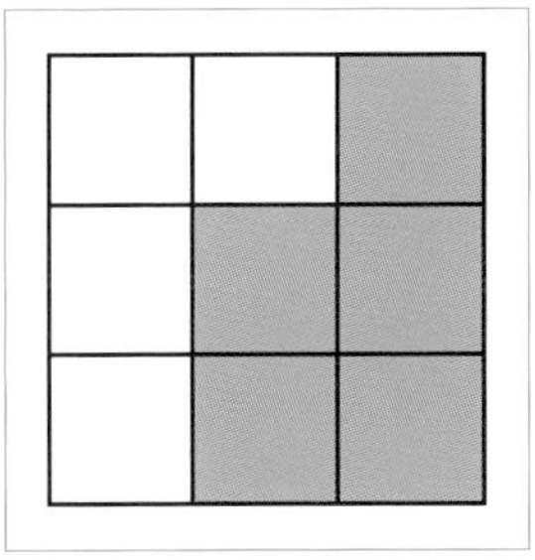

あ 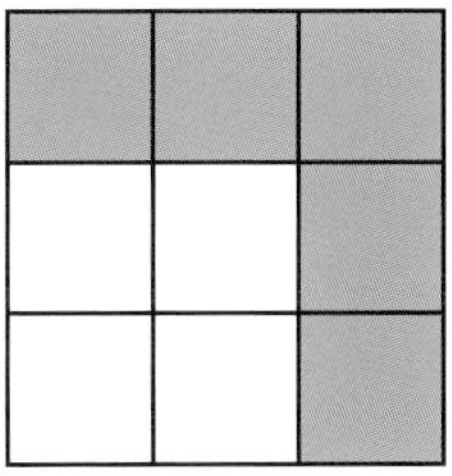 （　　　）　　い （　　　）

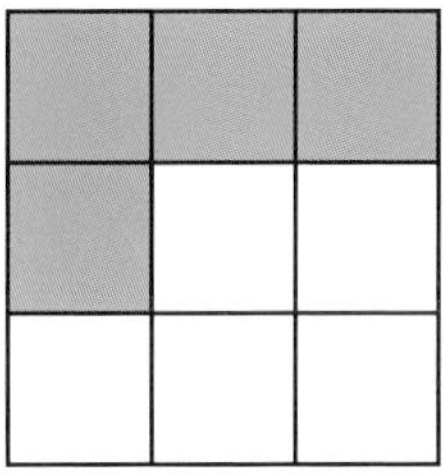

う （　　　）　　え （　　　）　　お （　　　）

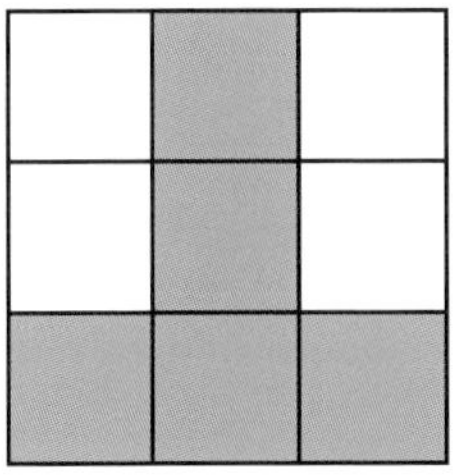

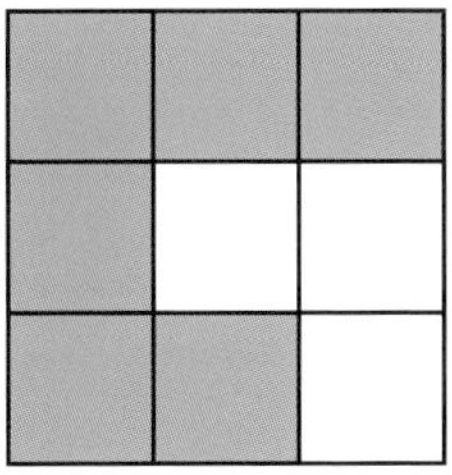

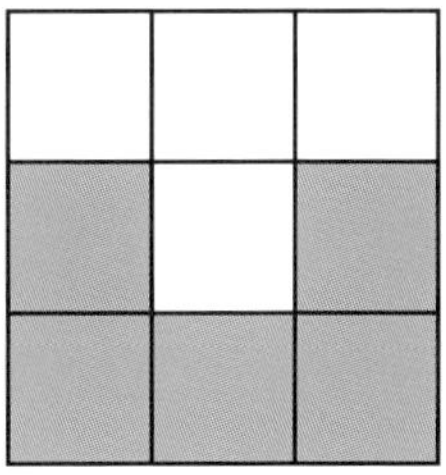

とくてん

てん

こたえ➡べっさつ12ページ

 ひろい ほうの （　）に ○を つけましょう。

〔1もん 10てん〕

① ㋐　　　　㋑

　　　　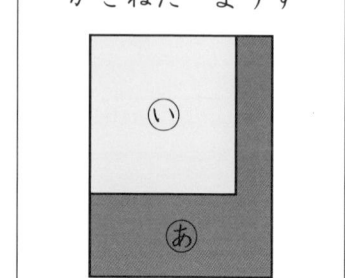

かさねた ようす

（　　　）　　（　　　）

② ㋐　　　　㋑

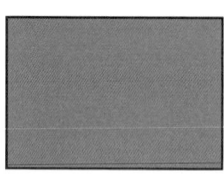　　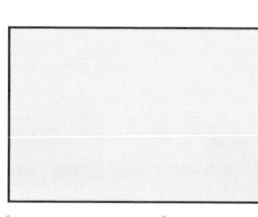　　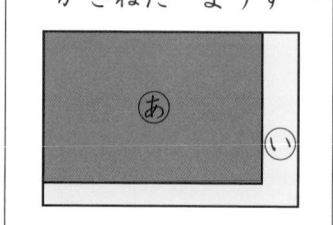

かさねた ようす

（　　　）　　（　　　）

③ ㋐　　　　㋑

　　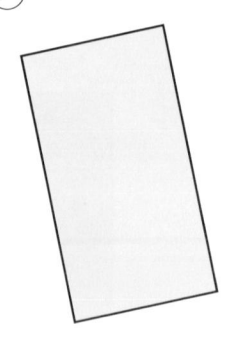　　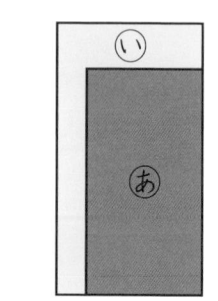

かさねた ようす

（　　　）　（　　　）

あおと しろでは, どちらが ひろいですか。

〔1もん 20てん〕

① 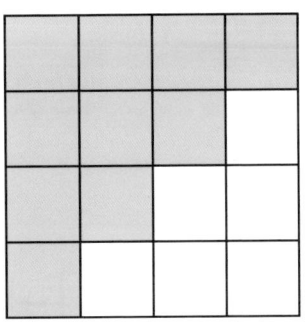　　　②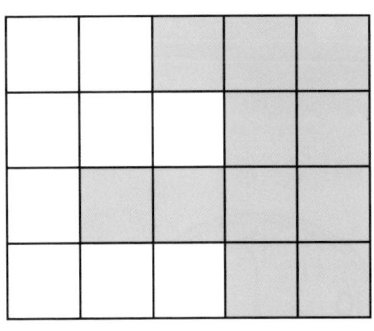

(　　　)　　　　　　(　　　)

 みぎの □の なかの かたちと おなじ ひろさの ものを ぜんぶ みつけて, ( )に ○を かきましょう。

〔30てん〕

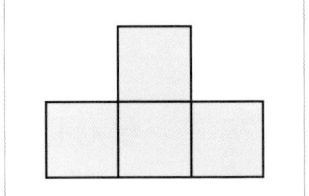

あ 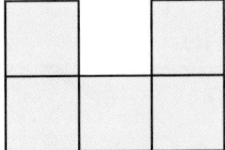　　い 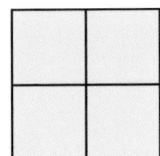　　う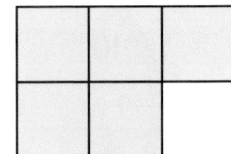

(　　　)　　(　　　)　　(　　　)

え 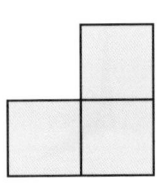　　お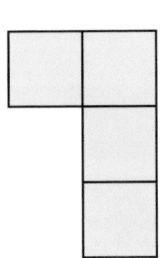

(　　　)　　(　　　)

☝ポイント

みじかい はりが 8
ながい はりが 12 ➡ 8じ

1 なんじですか。　　　〔1もん 7てん〕

① (1 じ)

② (2 じ)

③ ( )

④ ( )

2 なんじですか。 〔1もん 8てん〕

①

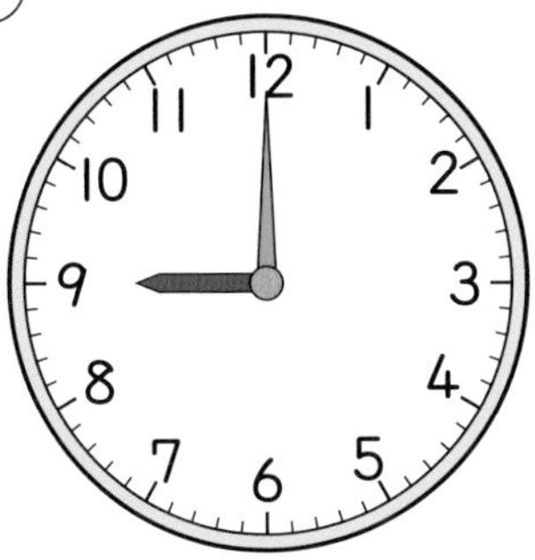

(　　　)

②

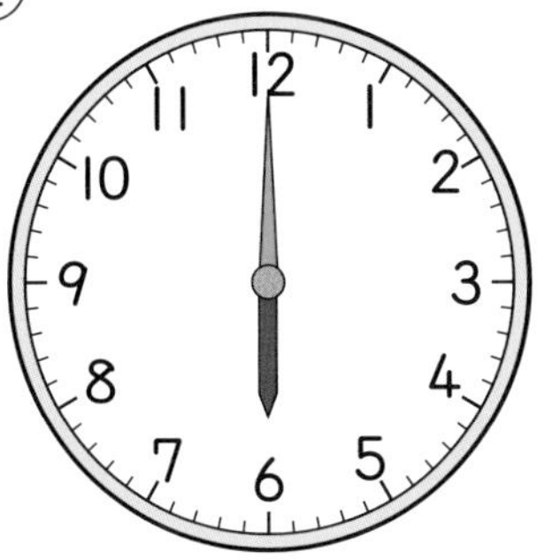

(　　　)

③

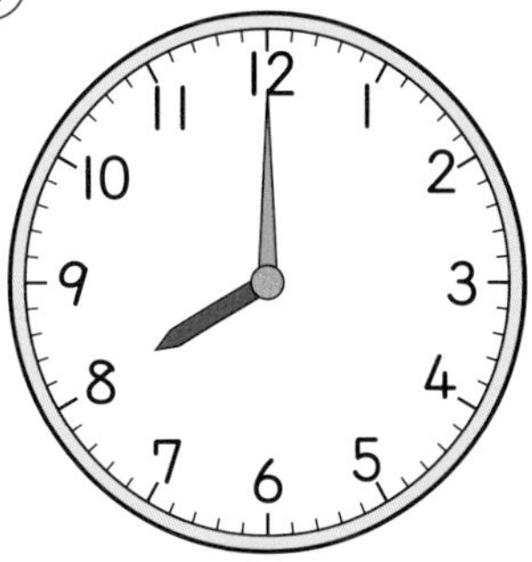

(　　　)

④

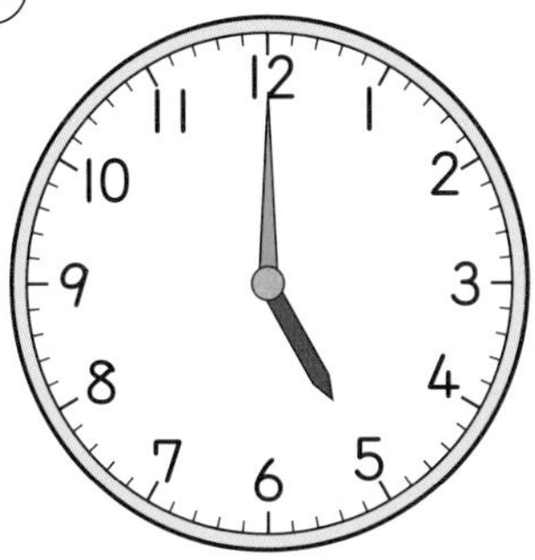

(　　　)

⑤

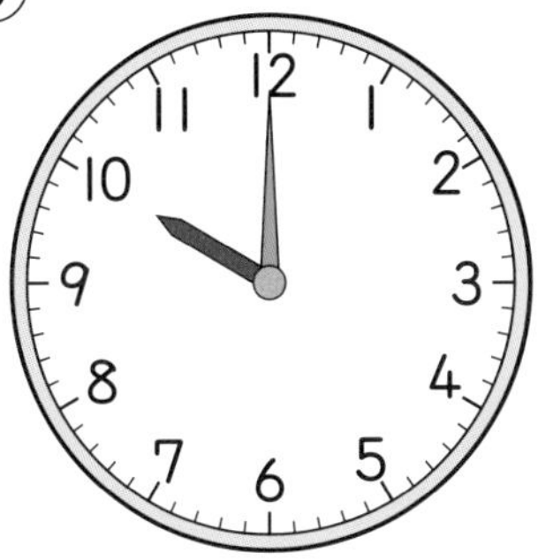

(　　　)

⑥

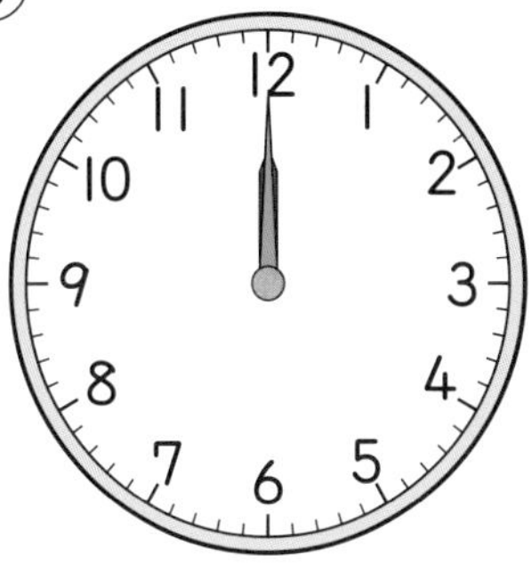

(　　　)

⑦

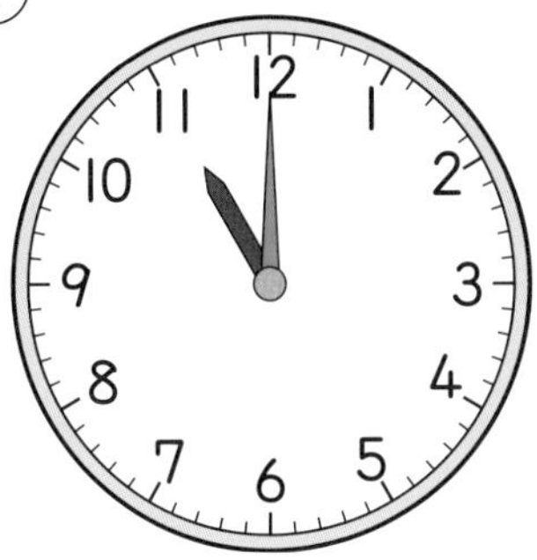

(　　　)

⑧

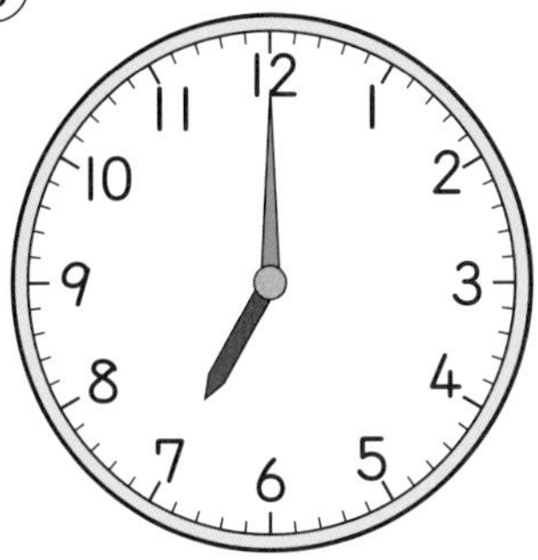

(　　　)

⑨

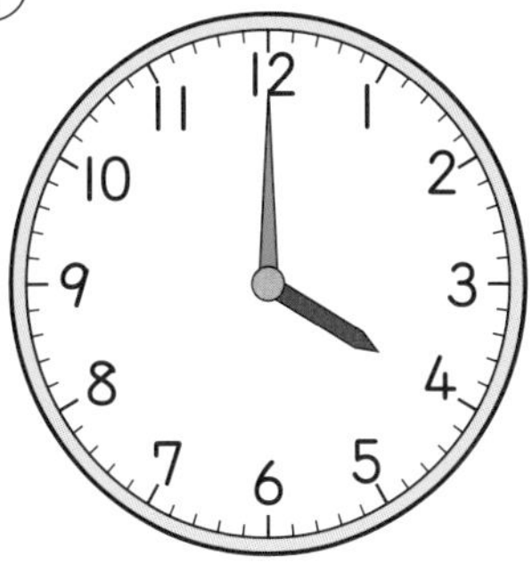

(　　　)

とけい②

とけいの よみかた②

💬 ポイント

みじかい はりが
9と 10の あいだ
ながい はりが 6 ⎤➡ 9じはん

 なんじはんですか。　　　　　　　　〔1もん 7てん〕

①

（4じはん）

②

（7じはん）

③

（　　　　）

④

（　　　　）

 なんじはんですか。 〔1もん 8てん〕

① ( )

② ( )

③ ( )

④ ( )

⑤ ( )

⑥ ( )

⑦ ( )

⑧ ( )

⑨ ( )

2と 3の あいだ
だから 2じはん。

② 3
└ まえの ほうを よむよ。

とくてん

てん

こたえ➡べっさつ13ページ

◆ポイント

みじかい はりが

　7と 8の あいだ⇒7じ

ながい はりが 5 ⇒5ふん

➡ 7じ5ふん

・みじかい はりで 「なんじ」

　ながい はりで 「なんぷん」を よみます。

1 なんじなんぷんですか。　　　　　〔1もん 7てん〕

①

（7じ1ぷん）

②

（7じ2ふん）

③

（7じ　ぷん）

④

（7じ　ぷん）

② なんじなんぷんですか。　　　〔1もん 8てん〕

①
(　　　　　　)

②
(　　　　　　)

③
(　　　　　　)

④
(　　　　　　)

⑤
(　　　　　　)

⑥
(　　　　　　)

③ なんじなんぷんですか。　　　〔1もん 8てん〕

①
(　　　　　　)

②
(　　　　　　)

③
(　　　　　　)

30 とけいの よみかた④

とくてん

てん

こたえ➡べっさつ13ページ

① なんじ なんぷんですか。

〔1もん 6てん〕

①

（7じ11ぷん）

②

（7じ12ふん）

③

（7じ　ふん）

④

（7じ　ふん）

⑤

（　　　　）

⑥

（　　　　）

❷ なんじなんぷんですか。　〔1もん　4てん〕

① ② ③

（　　　）　（　　　）　（　　　）

④ ⑤ ⑥

（　　　）　（　　　）　（　　　）

⑦ ⑧ ⑨

（　　　）　（　　　）　（　　　）

❸ なんじなんぷんですか。　〔1もん　7てん〕

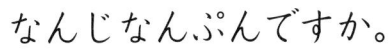

① ② ③ ④

（　　　）　（　　　）　（　　　）　（　　　）

なんじなんぷんですか。　　　　　〔1もん　6てん〕

①

（　　　　　）

②

（　　　　　）

③

（　　　　　）

④

（　　　　　）

⑤

（　　　　　）

⑥

（　　　　　）

 なんじなんぷんですか。 〔1もん 4てん〕

① ( )

② ( )

③ ( )

④ ( )

⑤ ( )

⑥ ( )

⑦ ( )

⑧ ( )

⑨ ( )

③ なんじなんぷんですか。 〔1もん 7てん〕

① ( )

② ( )

③ ( )

④ ( )

ながい はりを かきいれましょう。 〔1もん 5てん〕

① 8じ

② 8じはん

③ 10じ

④ 10じはん

⑤ 12じ

⑥ 12じはん

 ながい はりを かきいれましょう。 〔1もん 5てん〕

① 1じ

② 1じはん

③ 4じ

④ 4じはん

3 ながい　はりを　かきいれましょう。　〔1もん　5てん〕

① 8じ5ふん　　② 8じ10ぷん　　③ 8じ20ぷん

④ 8じ40ぷん　　⑤ 11じ45ふん　　⑥ 11じ55ふん

4 ながい　はりを　かきいれましょう。　〔1もん　5てん〕

① 2じ45ふん　② 2じ50ぷん　③ 9じ50ぷん　④ 9じ55ふん

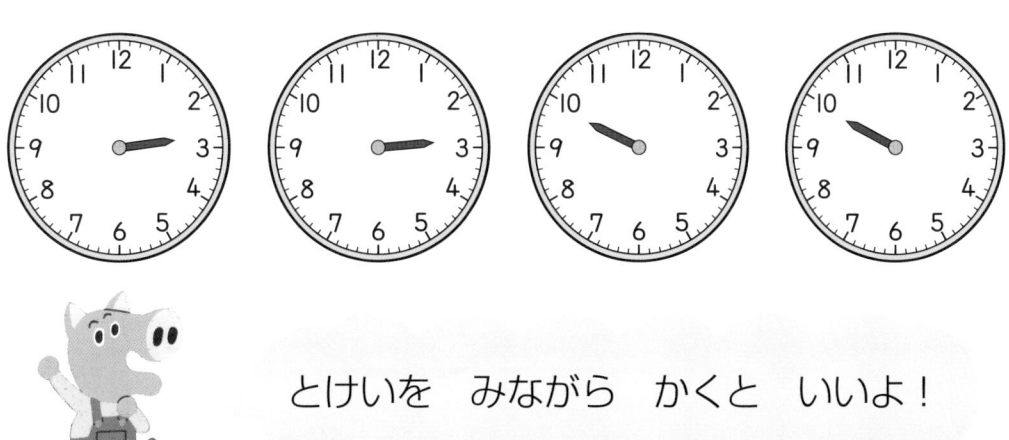

とけいを　みながら　かくと　いいよ！

33

とけい⑦
まとめ

とくてん

てん

こたえ➡べっさつ14ページ

 とけいを よみましょう。

〔1もん 4てん〕

①
( )

②
( )

③
( )

④
( )

⑤
( )

⑥
( )

⑦
( )

⑧
( )

⑨
( )

② とけいを よみましょう。 〔1もん 6てん〕

① ② ③

( ) ( ) ( )

④ ⑤ ⑥

( ) ( ) ( )

③ ながい はりを かきいれましょう。 〔1もん 7てん〕

① ② ③ ④

3じ 3じはん 7じ15ふん 7じ40ぷん

おぼえよう

・ながい はりが 1めもり すすむと
　1ぷん です。

・ながい はりが 1まわり すると
　60ぷん です。
　60ぷん を 1じかん と いいます。

$$1じかん ＝ 60ぷん$$

れい

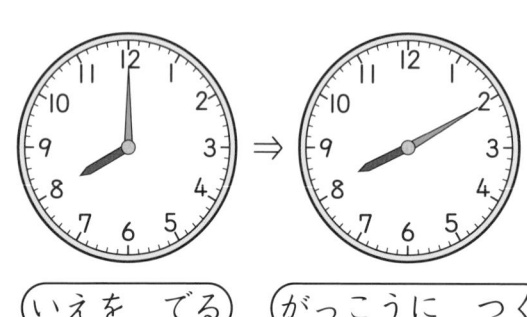

（いえを　でる）　（がっこうに　つく）

いえから がっこうに
つくまでに かかった
じかんは,

10 ぷんです。

こうえんに いたのは なんぷんですか。　〔25てん〕

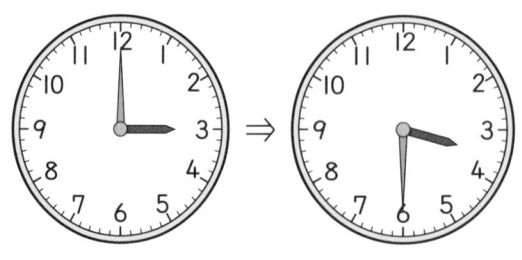

（こうえんに　つく）　（こうえんを　でる）

ながい はりが

30 めもり

すすんだので,

□ ぷんです。

 ピアノを　ひいて　いたのは　なんぷんですか。　〔25てん〕

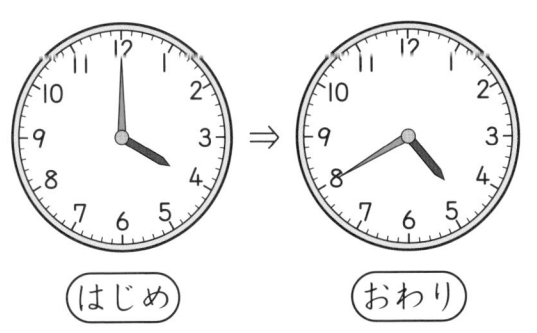

（はじめ）　（おわり）

ながい　はりが

□　めもり

すすんだので，

□　ぷんです。

 べんきょうを　したのは　なんぷんですか。　〔25てん〕

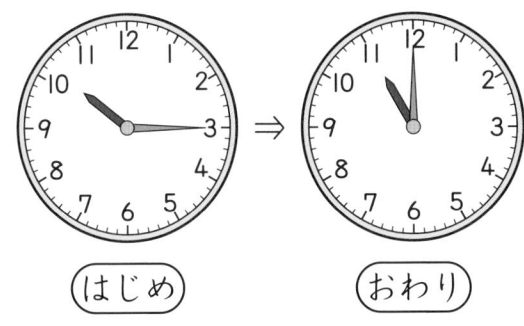

（はじめ）　（おわり）

ながい　はりが　□　めもり　すすんだので，

□　ふんです。

 ほんを　よんで　いたのは　なんぷんですか。　〔25てん〕

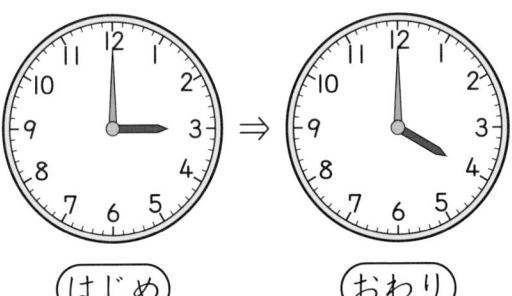

（はじめ）　（おわり）

60ぷんは
1じかんとも
いえるね！

ながい　はりが　1まわりしたので，　60　ぷんです。

35

いろいろな　かたち①
おなじ　かたち

とくてん

てん

こたえ➡べっさつ15ページ

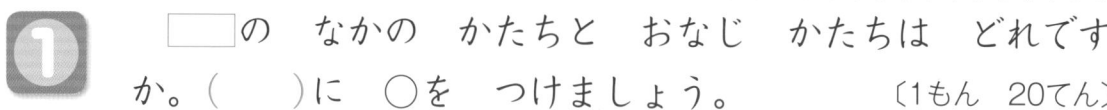

1 ◻️の　なかの　かたちと　おなじ　かたちは　どれです
か。（　　）に　○を　つけましょう。　　　〔1もん　20てん〕

① 　　　　　　　　あ　　　　　い　　　　　う

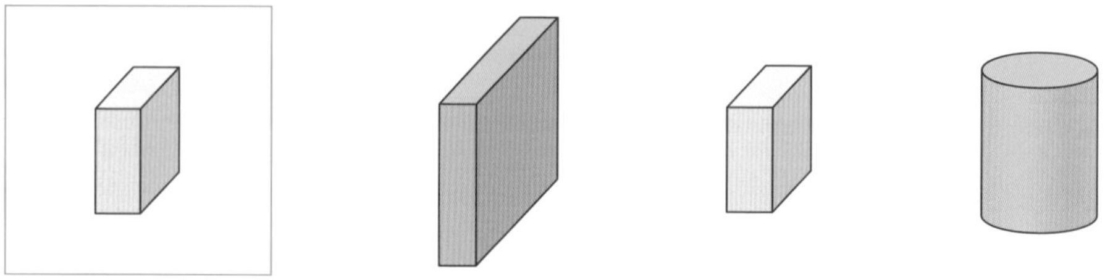

（　　　）（　　　）（　　　）

② 　　　　　　　　あ　　　　　い　　　　　う

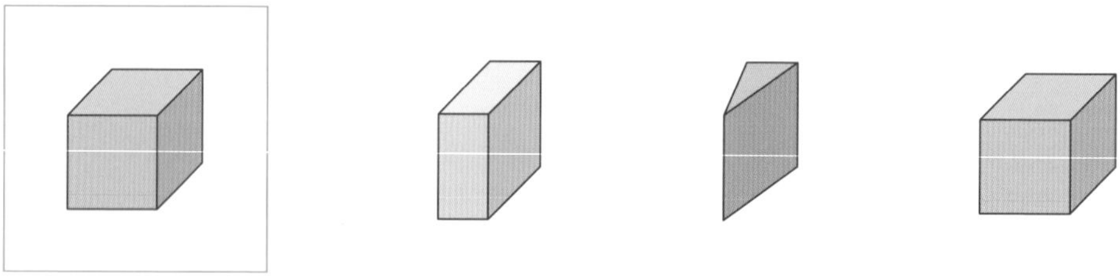

（　　　）（　　　）（　　　）

③ 　　　　　　　　あ　　　　　い　　　　　う

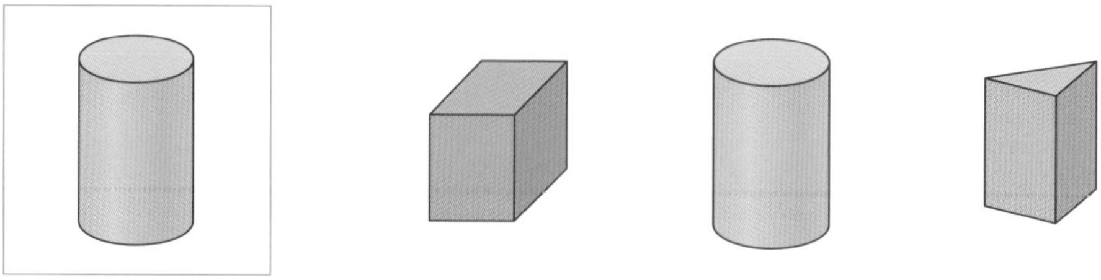

（　　　）（　　　）（　　　）

❷ □の なかの かたちと おなじ かたちは どれです
か。（　）に ○を つけましょう。　　　〔1もん 10てん〕

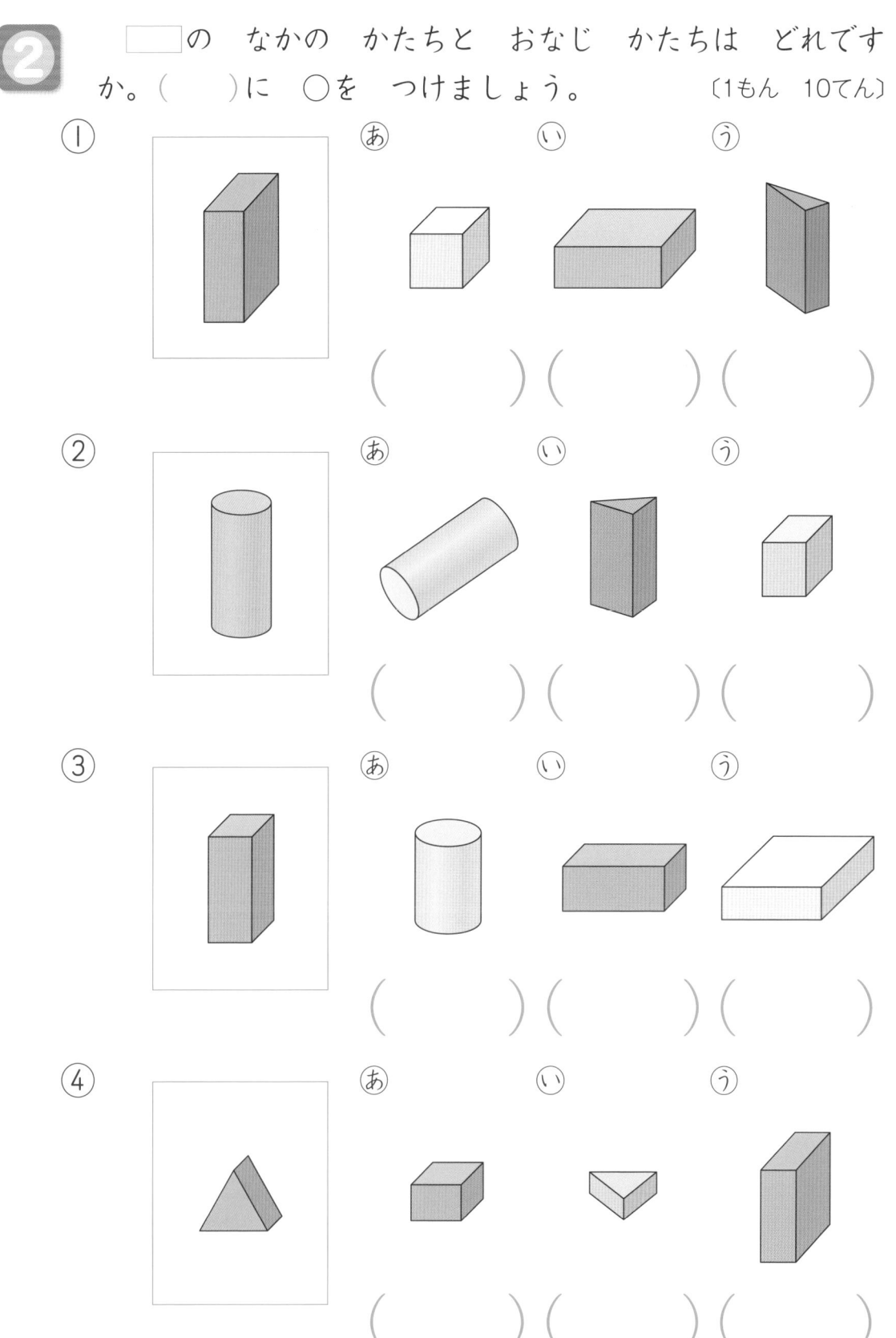

① あ　　　　い　　　　う

（　　　）（　　　）（　　　）

② あ　　　　い　　　　う

（　　　）（　　　）（　　　）

③ あ　　　　い　　　　う

（　　　）（　　　）（　　　）

④ あ　　　　い　　　　う

（　　　）（　　　）（　　　）

36 にて　いる　かたち①

1　□の　なかの　かたちと　にて　いる　かたちは　どれですか。2つ　えらんで，（　　）に　○を　つけましょう。

〔1つ　15てん〕

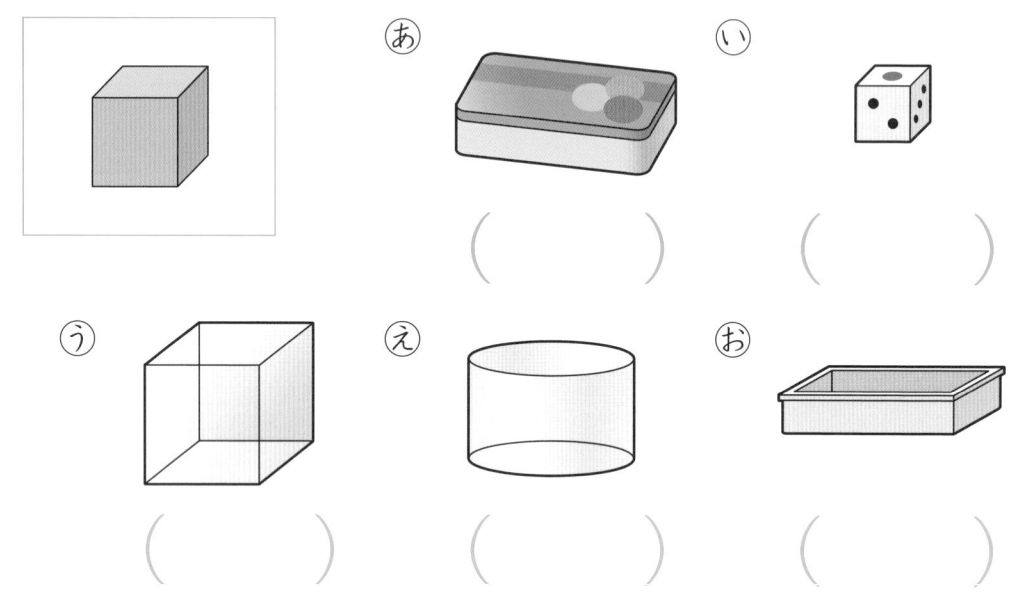

あ　　　　　　　　　　い

（　　　　　）　　　（　　　　　）

う　　　　　え　　　　　お

（　　　　　）　　　（　　　　　）　　　（　　　　　）

2　□の　なかの　かたちと　にて　いる　かたちは　どれですか。2つ　えらんで，（　　）に　○を　つけましょう。

〔1つ　15てん〕

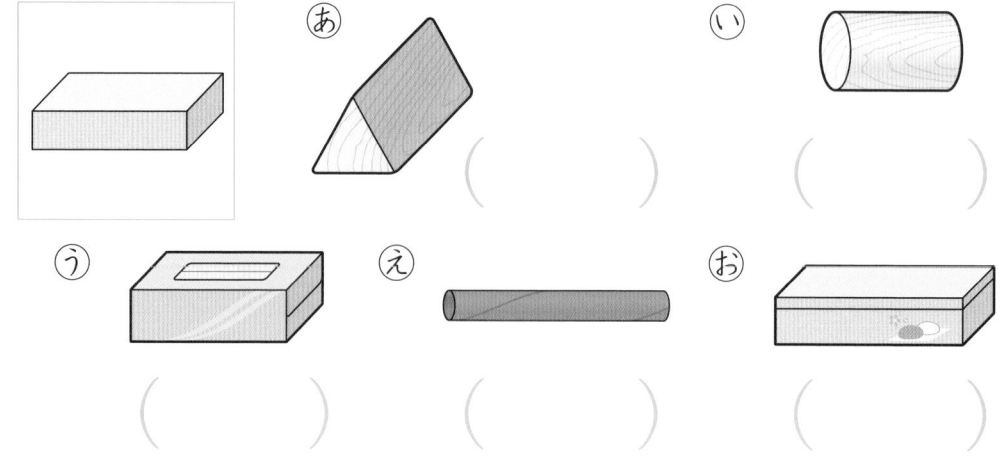

あ　　　　　　　　　　い

（　　　　　）　　　（　　　　　）

う　　　　　え　　　　　お

（　　　　　）　　　（　　　　　）　　　（　　　　　）

③ □の なかの かたちと にて いる かたちは どれ
ですか。2つ えらんで，（　）に ○を つけましょう。

〔1つ　10てん〕

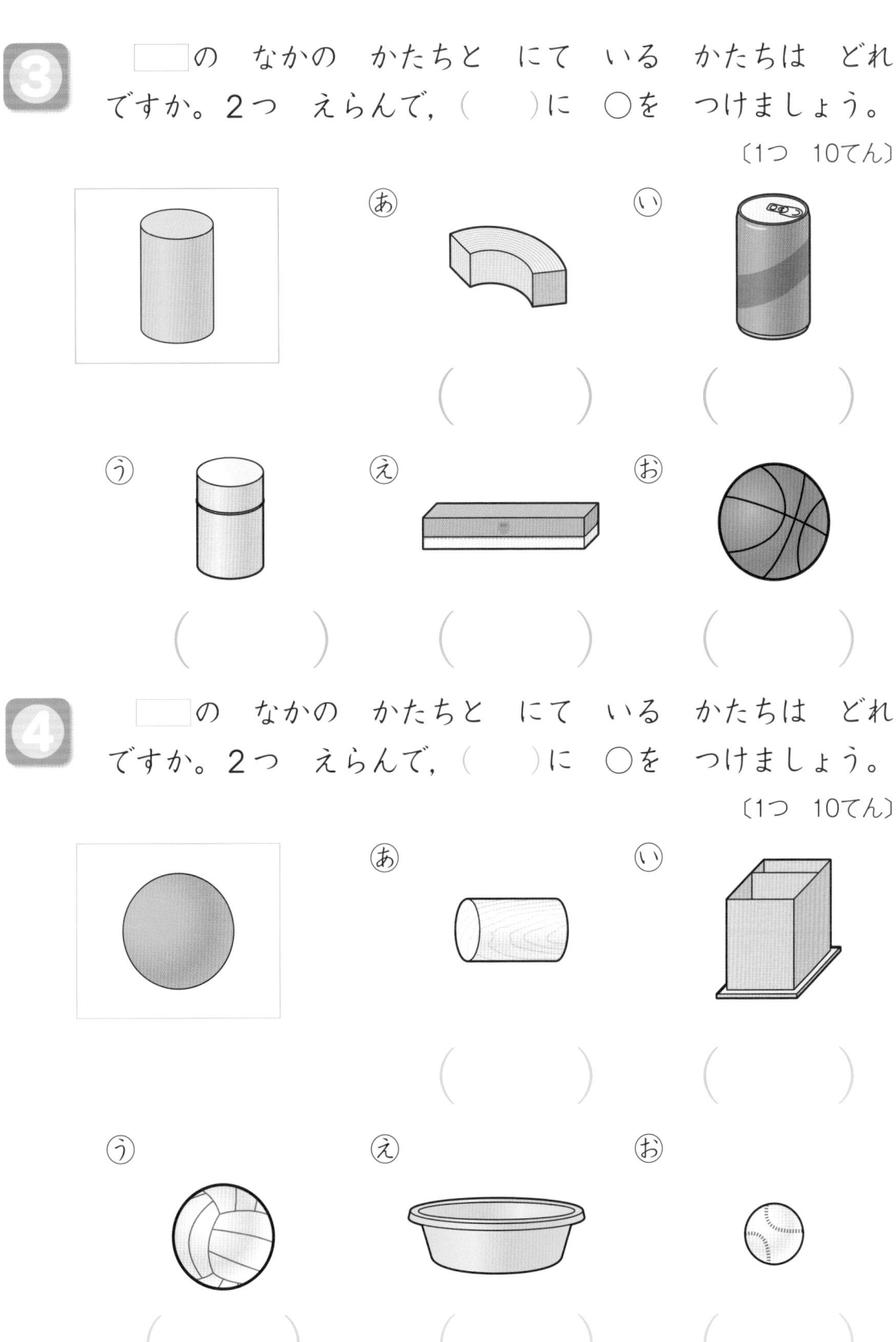

あ　（　　　）

い　（　　　）

う　（　　　）

え　（　　　）

お　（　　　）

④ □の なかの かたちと にて いる かたちは どれ
ですか。2つ えらんで，（　）に ○を つけましょう。

〔1つ　10てん〕

あ　（　　　）

い　（　　　）

う　（　　　）

え　（　　　）

お　（　　　）

とくてん

てん

こたえ➡べっさつ16ページ

1 したの　ものの　なかで　なかまが　ちがう　かたちは
どれですか。○で　かこみましょう。　　　　〔1もん　15てん〕

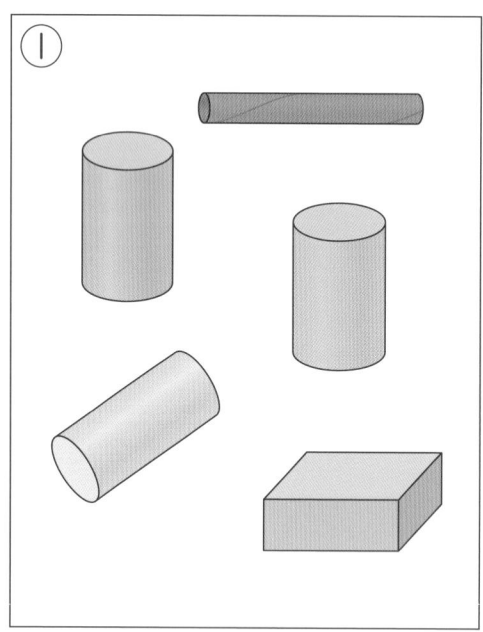

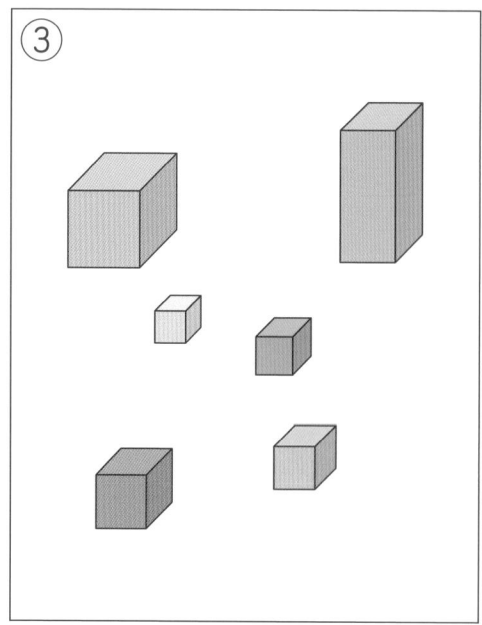

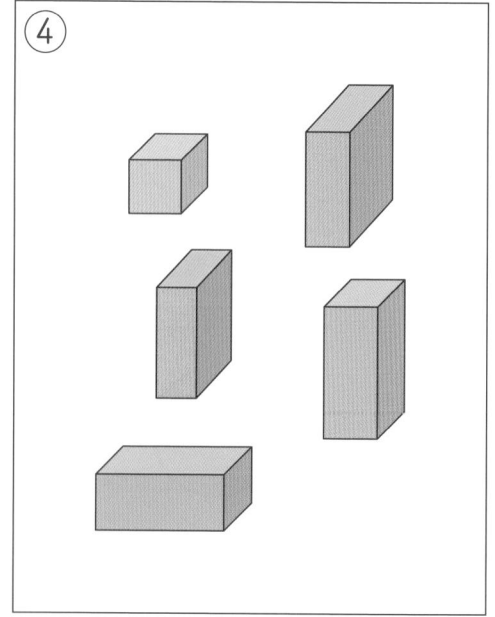

あ, い, う の かたちは, それぞれ したの どの かた
ちの なかまと いえますか。せんで つなぎましょう。

〔20てん〕

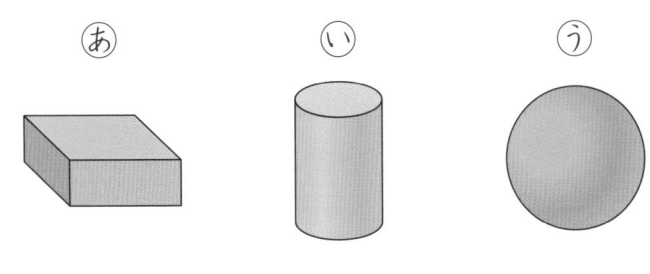

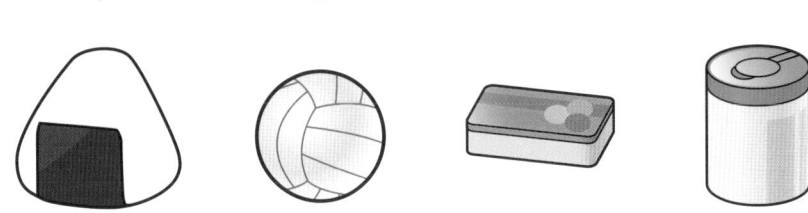

3 ⬚ の なかの かたちと ちがう なかまの かたちは
どれですか。( ) に ○を つけましょう。〔1もん 10てん〕

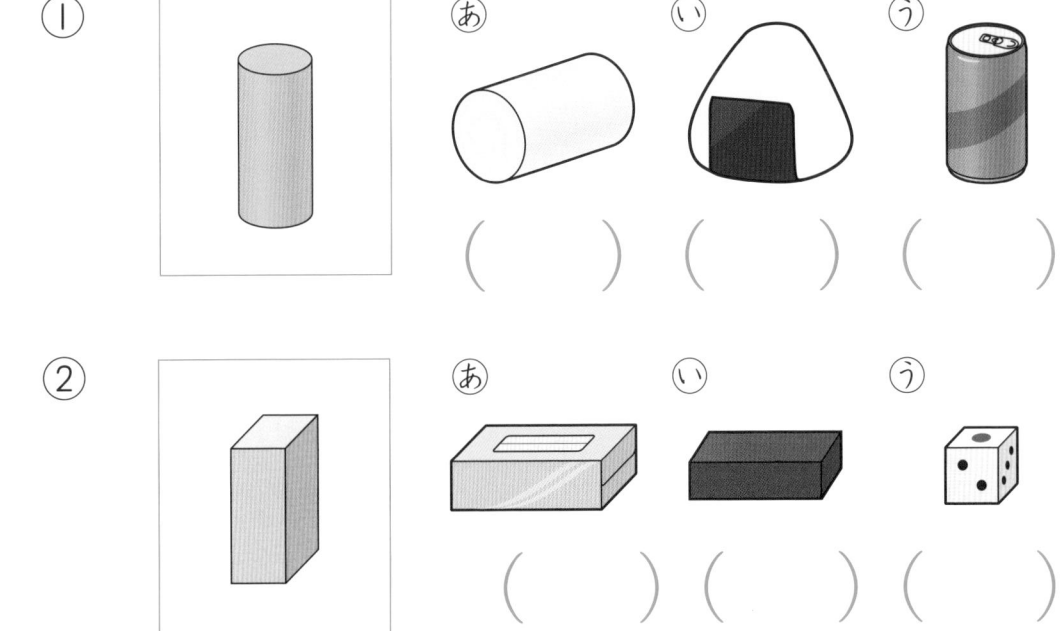

38

いろいろな　かたち④

かたちを　うつしとる

とくてん

てん

こたえ➡べっさつ17ページ

1 　ひだりの　つみきの　そこの　かたちを　うつしとると，どんな　かたちが　できますか。（　　）に　○を　つけましょう。

〔1もん　10てん〕

①

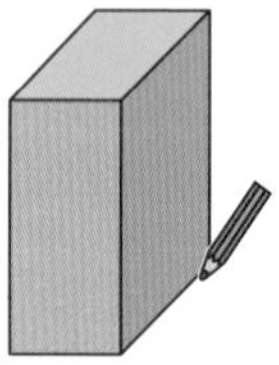

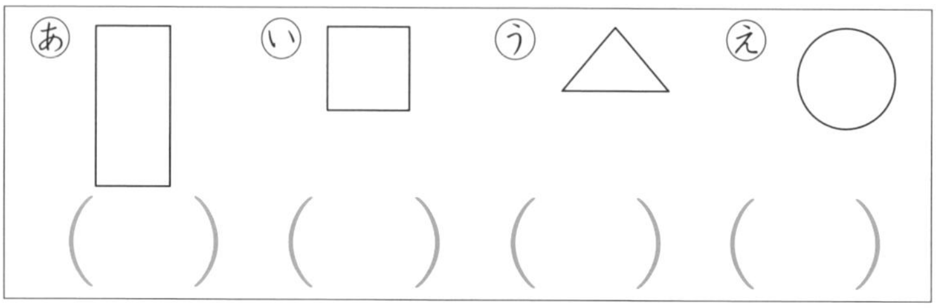
あ
い
う
え

②

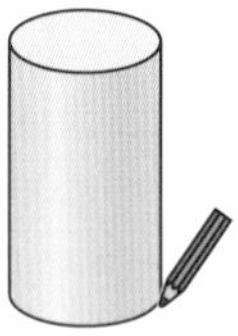

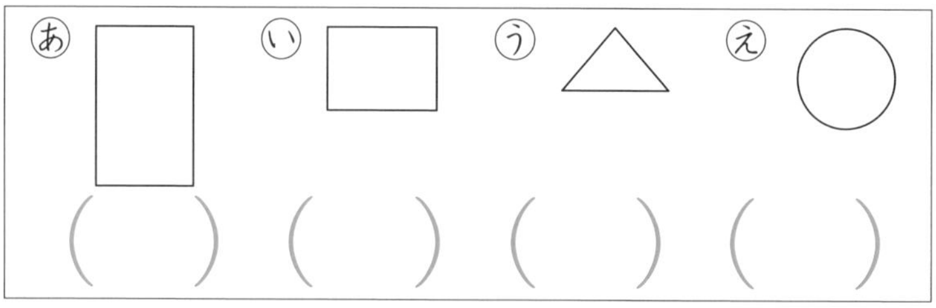
あ
い
う
え

③

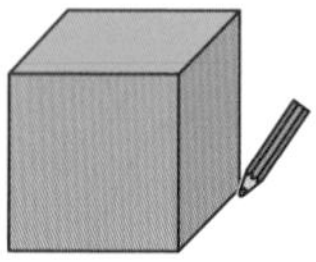

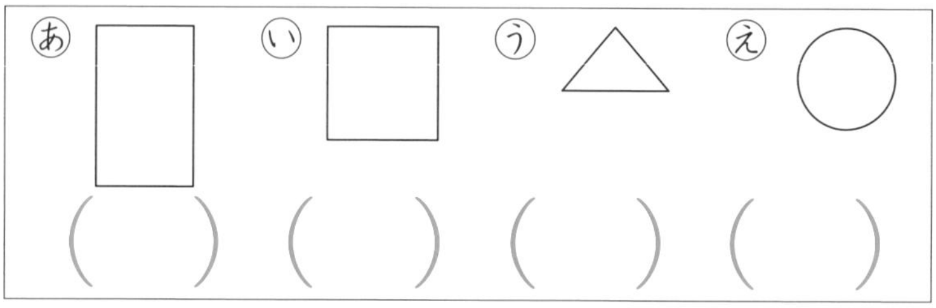
あ
い
う
え

④

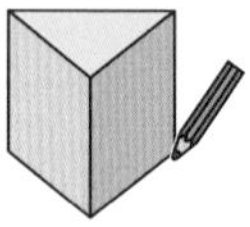

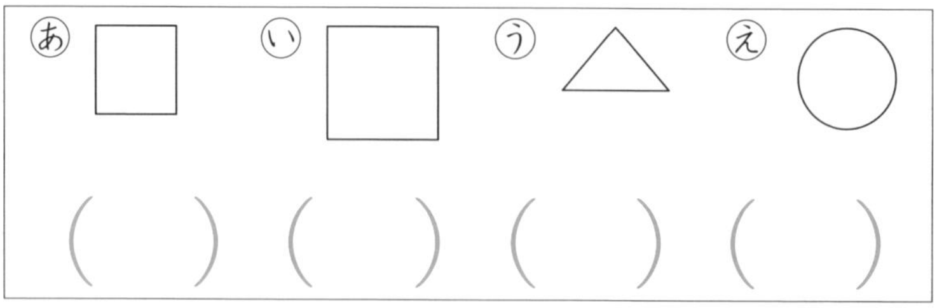
あ
い
う
え

⑤

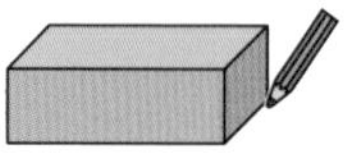

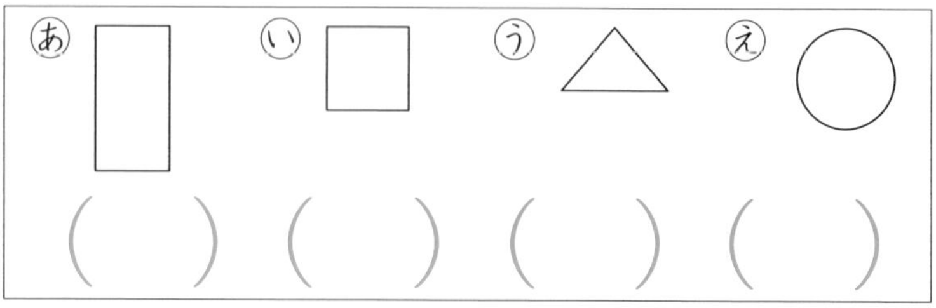
あ
い
う
え

 ⓐから ⓔの つみきの そこの かたちを うつしとり
ます。できる かたちを さがして，せんで つなぎましょ
う。
〔20てん〕

ⓐ 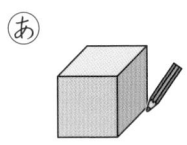　　ⓘ 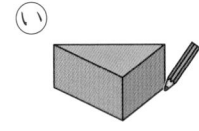　　ⓤ 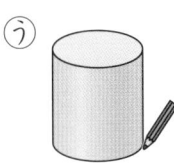　　ⓔ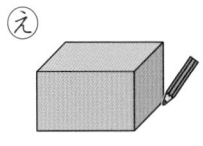

・　　　　・　　　　・　　　　・

・　　　　・　　　　・　　　　・

△　　　　□　　　　▭　　　　◯

❸ ひだりの つみきで 2つの かたちを うつしとります。
うつしとれる かたち ぜんぶに ◯を つけましょう。
〔1もん　10てん〕

①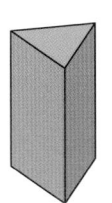
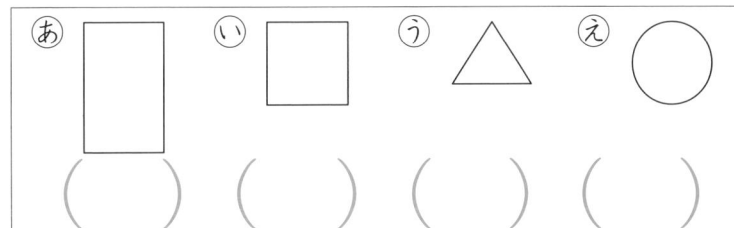

②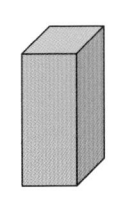
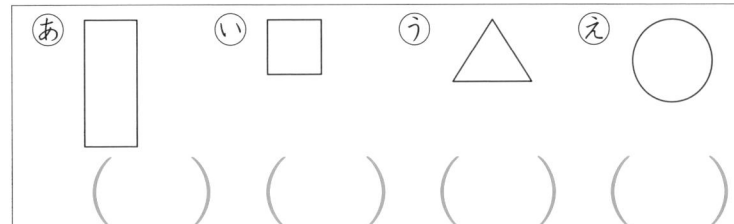

③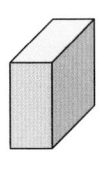
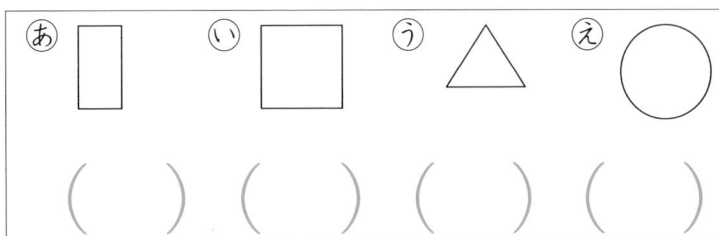

39 まえから　みると

とくてん

てん

こたえ➡べっさつ18ページ

1 　ひだりの　ケーキを　まえから　みると, どんな　かたち
に　みえますか。（　　）に　○を　つけましょう。

〔1もん　20てん〕

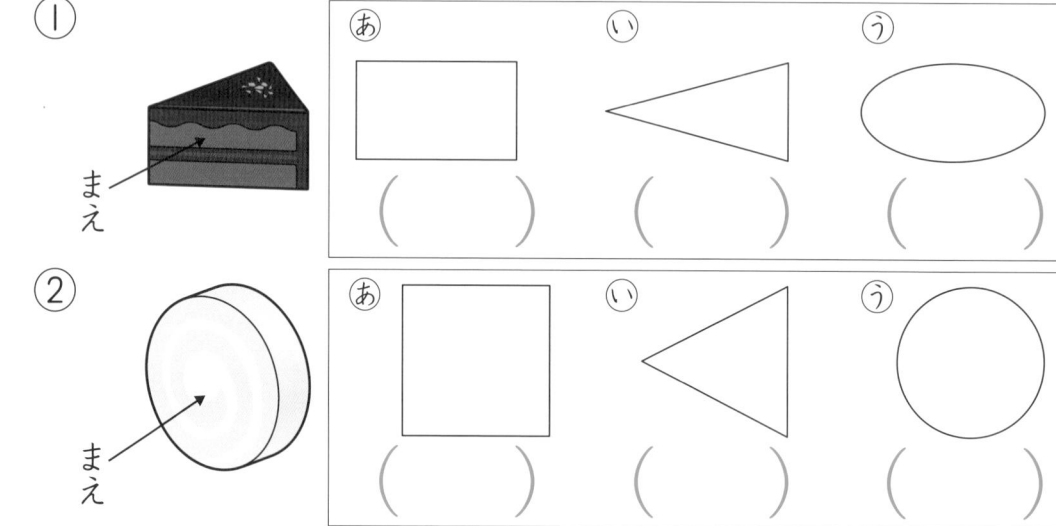

2 　ひだりの　つみきを　まえから　みると, どんな　かたち
に　みえますか。（　　）に　○を　つけましょう。

〔1もん　30てん〕

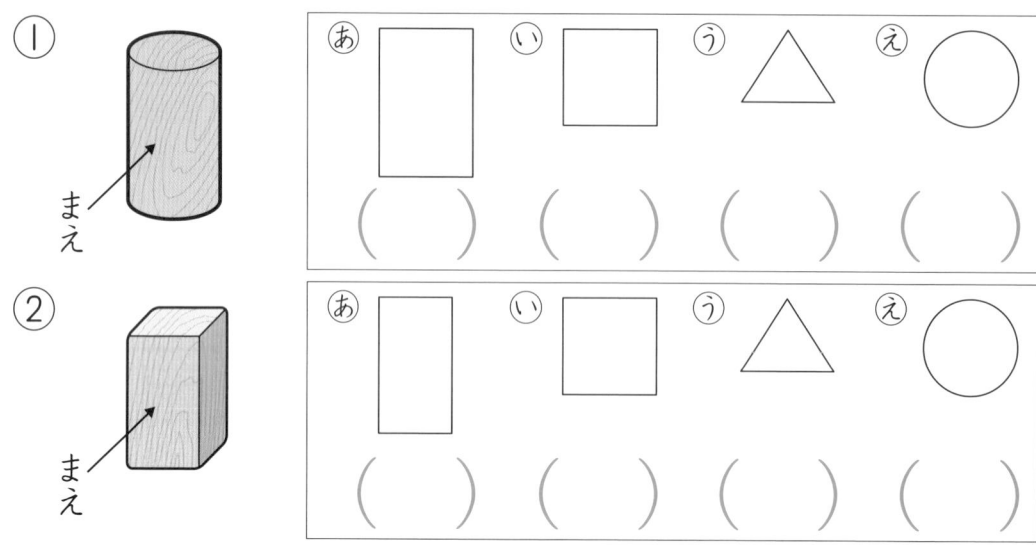

うえから　みると

1 　ひだりの　ケーキを　うえから　みると, どんな　かたち
に　みえますか。（　　）に　○を　つけましょう。

〔1もん　20てん〕

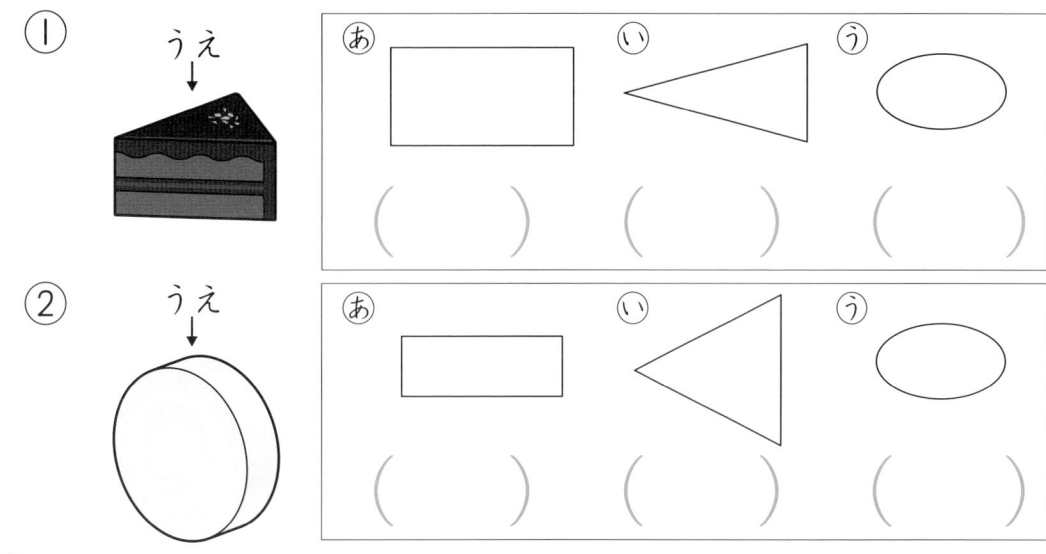

① うえ
　あ　　　　　　　い　　　　　　う
（　　　　）　　（　　　　）　　（　　　　）

② うえ
　あ　　　　　　　い　　　　　　う
（　　　　）　　（　　　　）　　（　　　　）

2 　ひだりの　つみきを　うえから　みると, どんな　かたち
に　みえますか。（　　）に　○を　かきましょう。

〔1もん　30てん〕

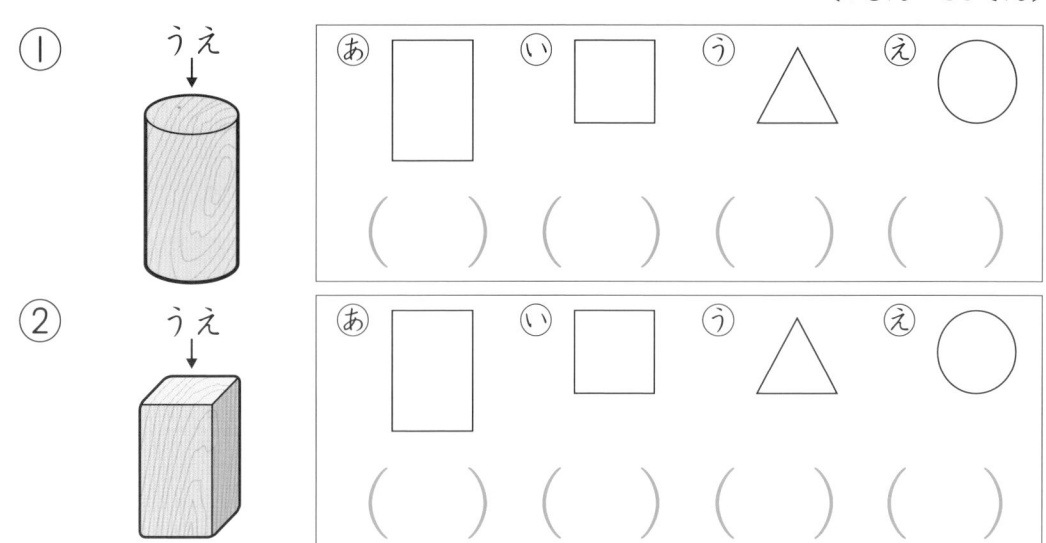

① うえ
　あ　　　　　い　　　　　う　　　　　え
（　　　）　（　　　）　（　　　）　（　　　）

② うえ
　あ　　　　　い　　　　　う　　　　　え
（　　　）　（　　　）　（　　　）　（　　　）

1 したの　つみきを　うえと　まえから　みると，どんな
かたちに　みえますか。（　　）に　○を　つけましょう。

〔1もん　12てん〕

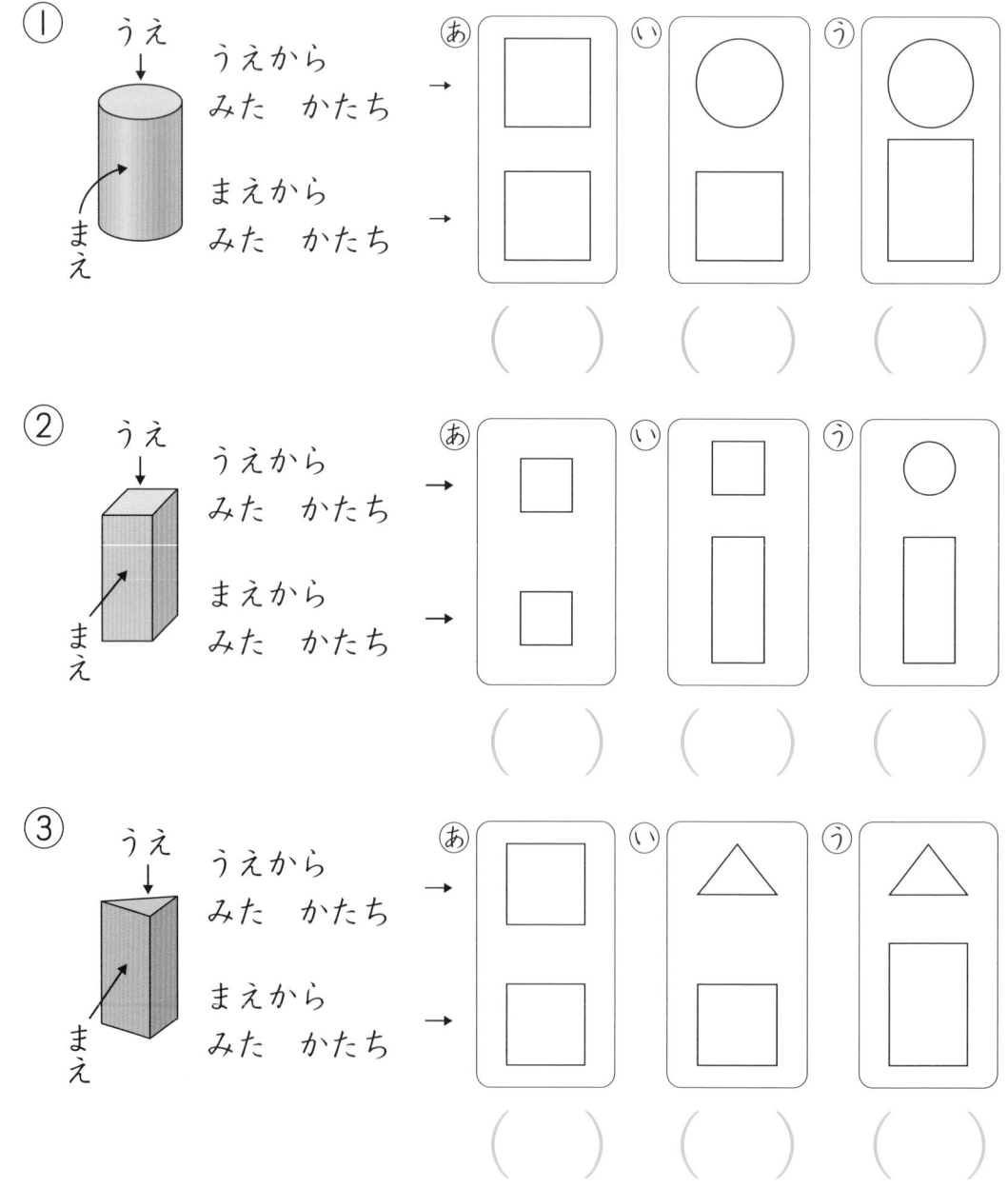

したの えは, みぎの どちらの つみきを みて
かいた ものですか。（　　）に ○を つけましょう。

〔1もん　16てん〕

①
うえから
みた　かたち　→

まえから
みた　かたち　→

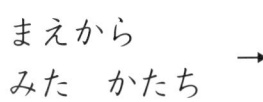

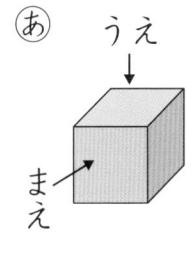 あ

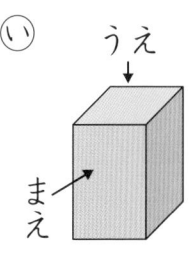 い

（　　　）　　（　　　）

②
うえから
みた　かたち　→

まえから
みた　かたち　→

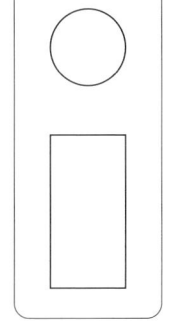 あ

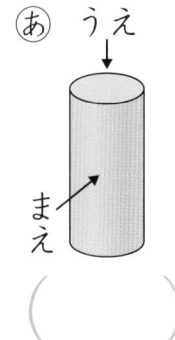 い

（　　　）　　（　　　）

③
うえから
みた　かたち　→

まえから
みた　かたち　→

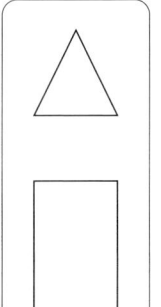 あ

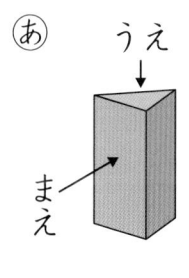 い

（　　　）　　（　　　）

④
うえから
みた　かたち　→

まえから
みた　かたち　→

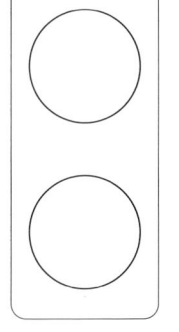 あ

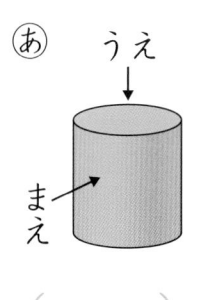 い

（　　　）　　（　　　）

42 いろいろな　かたち⑧
いろいた

こたえ➡べっさつ19ページ

 したの　かたちは、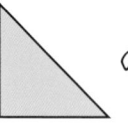の　いろいたを　なんまい

つかって　いるでしょうか。　　　　　〔1もん　8てん〕

① 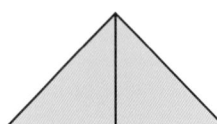　　　　② 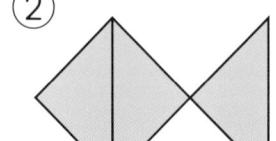　　　　③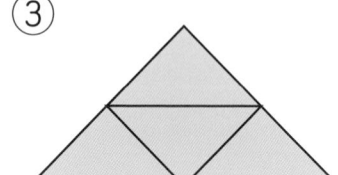

（　　　　　）　（　　　　　）　（　　　　　）

 の　いろいたを　ならべて　かたちを　つくって

います。　　　　　〔1もん　6てん〕

・2まい　ならべました。つないだ　ところに　せんを
　かきましょう。

① 　　　② 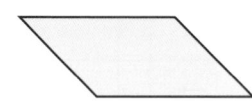　　　③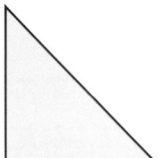

・3まい　ならべました。つないだ　ところに　せんを
　かきましょう。

④ 　　　⑤ 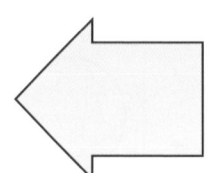　　　⑥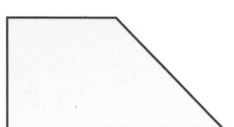

 **3** したの かたちは,  の いろいたを なんまい つかっ
て いるでしょうか。　　　　　〔1もん　8てん〕

①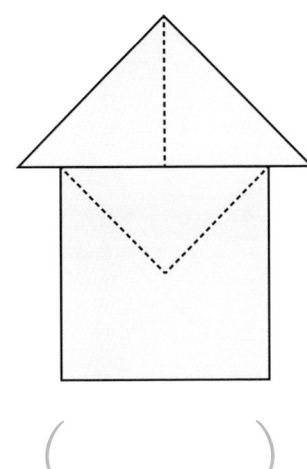

（　　　　　）

②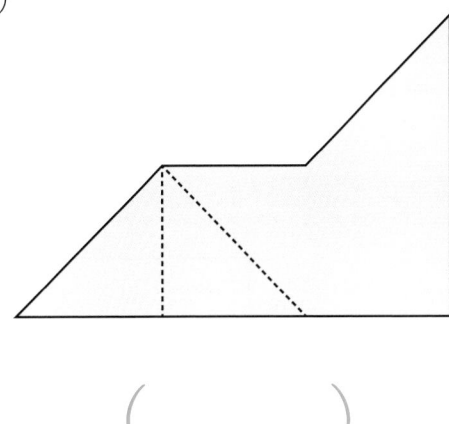

（　　　　　）

4 したの かたちは, 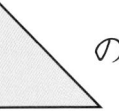 の いろいたを なんまい つかっ
て いるでしょうか。　　　　　〔1もん　8てん〕

①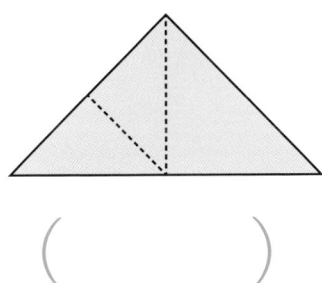

（　　　　　）

②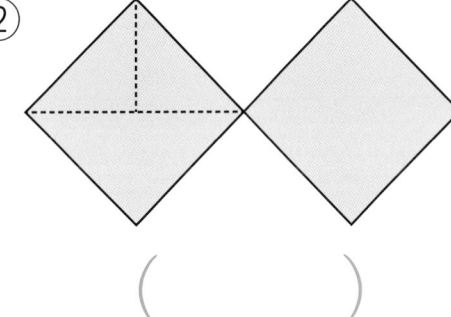

（　　　　　）

③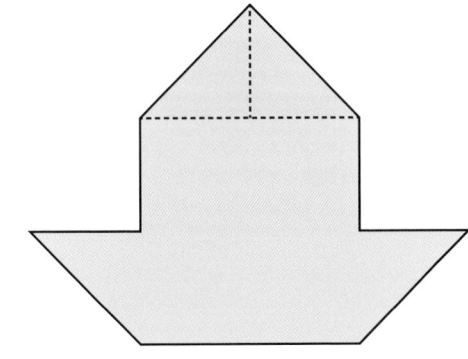

（　　　　　）

したの　かたちは　あの　いろいたが
なんまいで　できますか。せんを　ひいて
かんがえましょう。　　　〔1もん　14てん〕

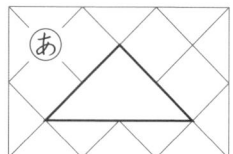

①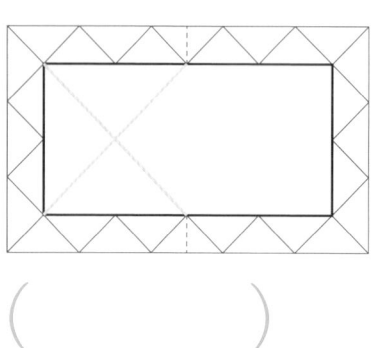

（　　　　　　　）

②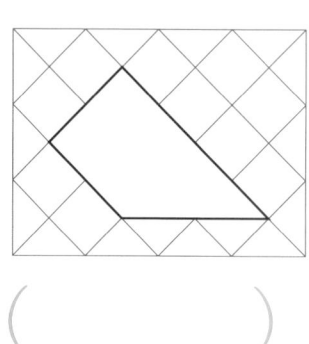

（　　　　　　　）

③

（　　　　　　　）

④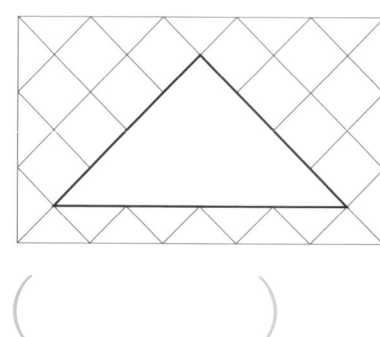

（　　　　　　　）

⑤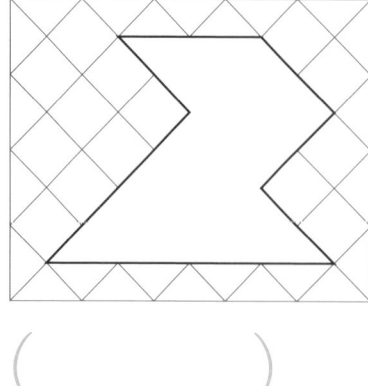

（　　　　　　　）

② てんと てんを つないで, かたちを つくります。
おなじ かたちを みぎの ずに かきましょう。

〔1もん 10てん〕

①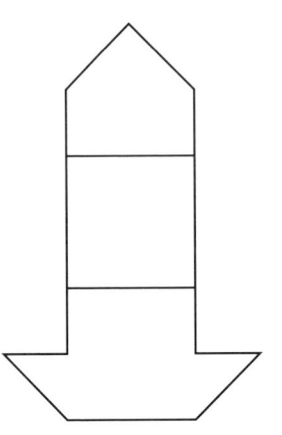

②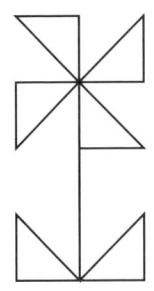

③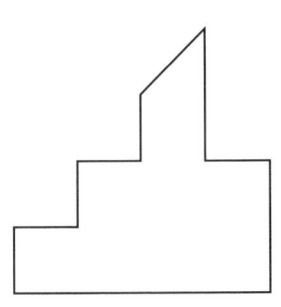

44 おなじ　かたちづくり②

 したの　かたちは　あの　ぼうを
なんぼん　つかって　いますか。　　　あ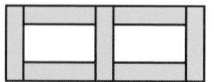

〔1もん　10てん〕

①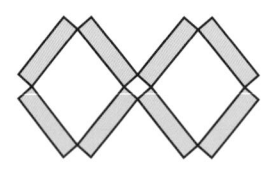

（　7　ほん　）

②

（　　　ほん　）

③

（　　　ほん　）

④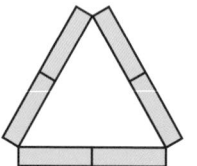

（　　　ぽん　）

⑤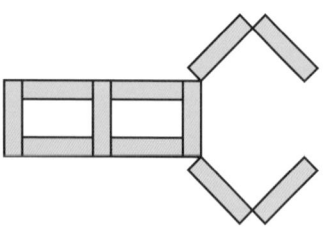

（　　　ぽん　）

⑥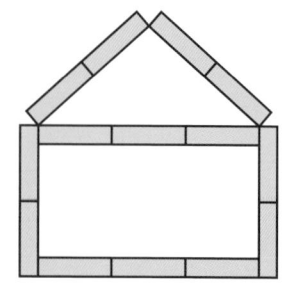

（　　　ほん　）

 いろいたを 1まいだけ うごかして, かたちを かえます。うごかす いろいたを えらんで, ⓐから ⓔ, ⓚから ⓚで こたえましょう。

〔1もん 10てん〕

① 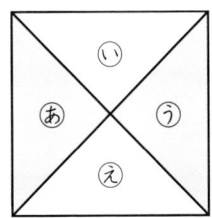 ⇒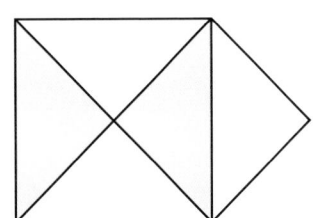

（ え ）

② 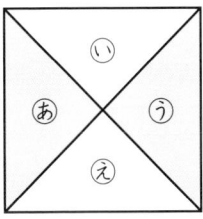 ⇒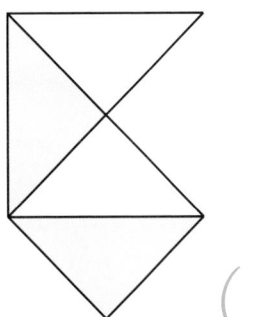

（　　）

③ 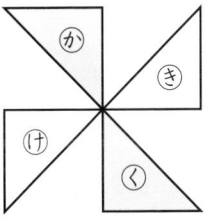 ⇒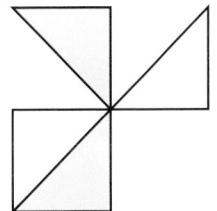

（　　）

④ 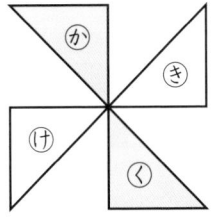 ⇒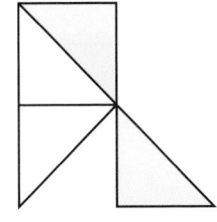

（　　）

45 まとめ

1 にて　いる　かたちを　せんで　つなぎましょう。

〔20てん〕

    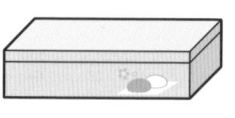

2 なかまが　ちがう　かたちを　○で　かこみましょう。

〔1もん　5てん〕

①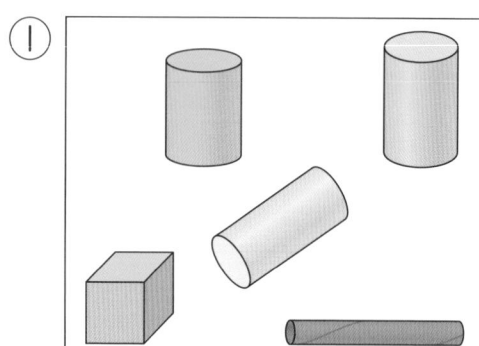

②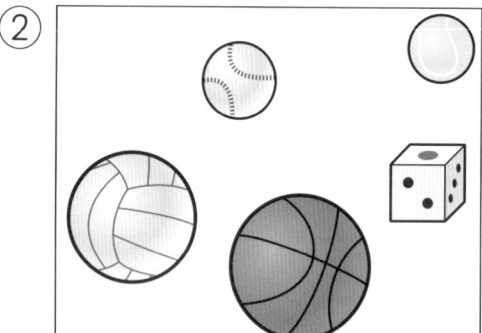

③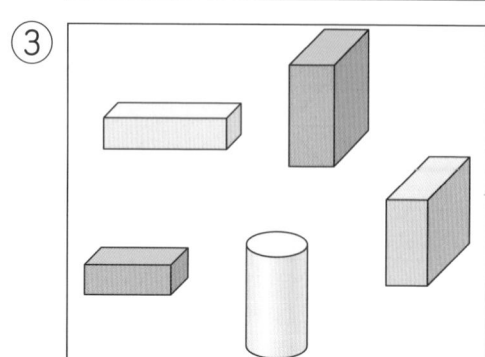

④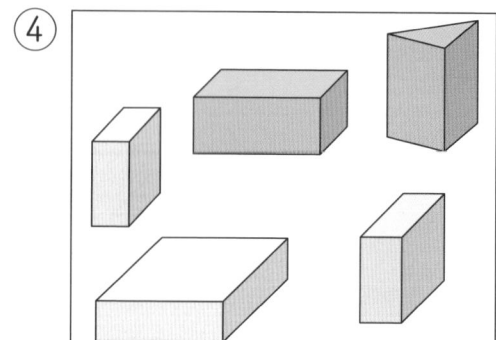

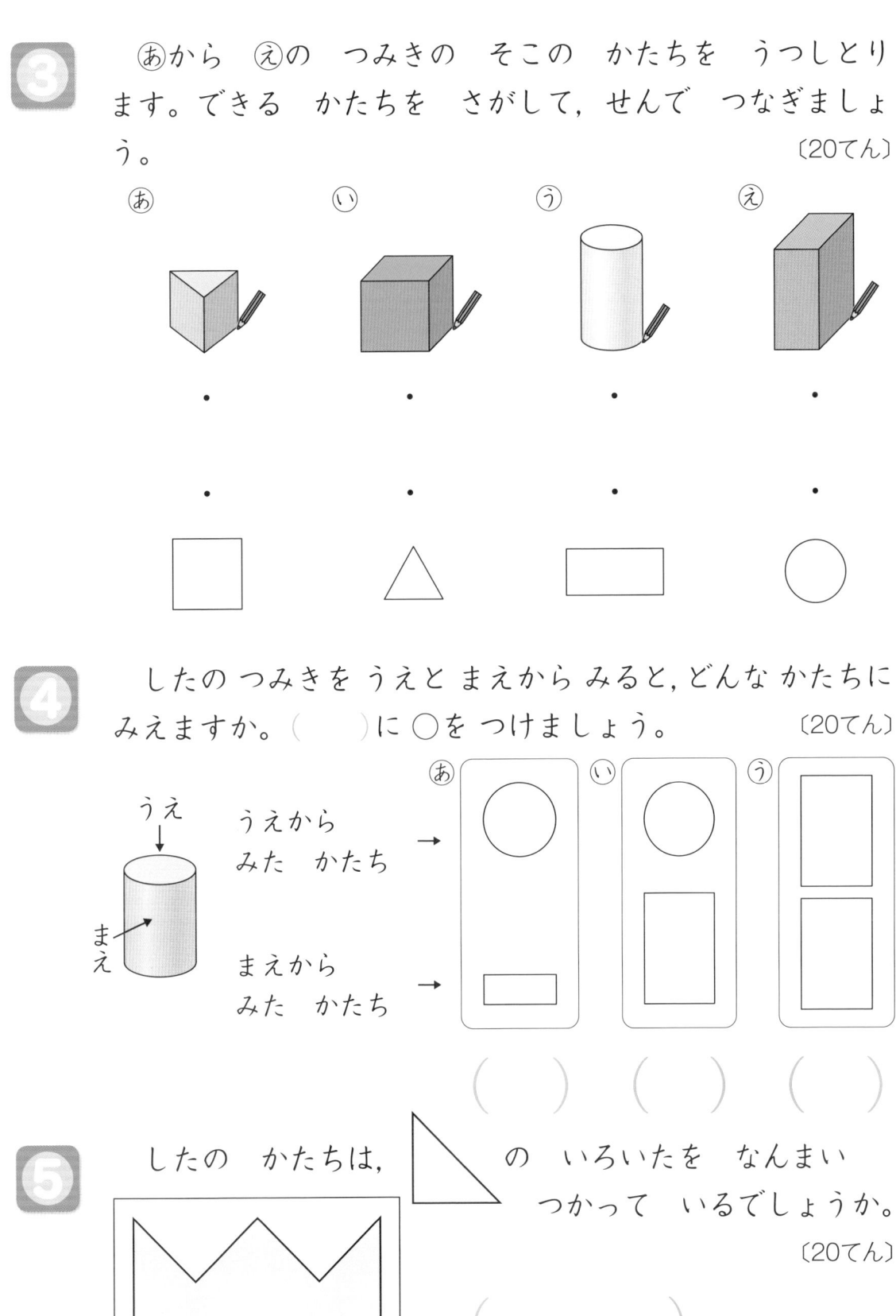

3 あから えの つみきの そこの かたちを うつしとります。できる かたちを さがして, せんで つなぎましょう。 〔20てん〕

あ　　　　　い　　　　　う　　　　　え

4 したの つみきを うえと まえから みると, どんな かたちに みえますか。（　　）に ○を つけましょう。 〔20てん〕

うえ

うえから
みた かたち　→

まえ

まえから
みた かたち　→

あ　　　　い　　　　う

（　　）　（　　）　（　　）

5 したの かたちは, ◣ の いろいたを なんまい つかって いるでしょうか。 〔20てん〕

（　　　　　）

🐻 **おぼえよう**

まっすぐな　せんを　**ちょくせん**と　いいます。

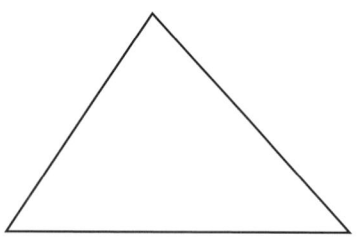

3ぼんの　ちょくせんで
かこまれた　かたちを
さんかくけいと　いいます。

4ほんの　ちょくせんで
かこまれた　かたちを
しかくけいと　いいます。

 さんかくけいと　しかくけいを　1つずつ　みつけて，
あから　えで　こたえましょう。　　　　〔1もん　20てん〕

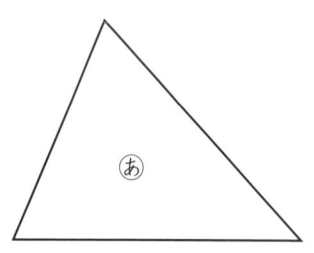

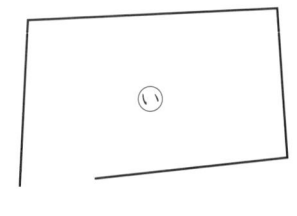

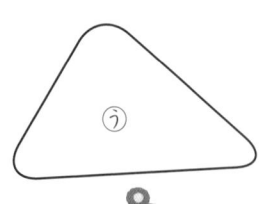

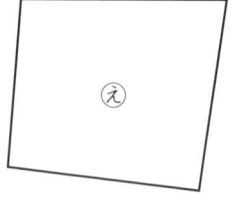

さんかくけい

（　あ　）

しかくけい

（　え　）

ⓘは　せんが　つながって　いないね。
ⓤは　かどが　まるく　なっているよ。

てんと　てんを　つないで　さんかくけいを　かきましょう。

〔30てん〕

 てんと　てんを　つないで　しかくけいを　かきましょう。

〔30てん〕

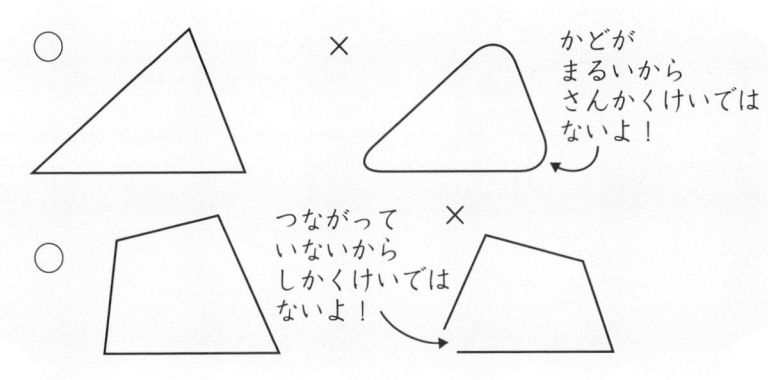

○　　　　　×　　　　　かどが
　　　　　　　　　　　　まるいから
　　　　　　　　　　　　さんかくけいでは
　　　　　　　　　　　　ないよ！

○　　　　つながって　×
　　　　　いないから
　　　　　しかくけいでは
　　　　　ないよ！

1年の　まとめ

1 ながい　ほうの　（　　）に　○を　かきましょう。

〔1もん　5てん〕

① あ ────────────────　（　　　）

い 〜〜〜〜〜〜〜〜〜　（　　　）

② あ ／＼　（　　　）

い ＼／　（　　　）

2 いれものに　みずが　はいって　います。みずの　おおい
じゅんに,（　　）に　1, 2, 3と　ばんごうを　かきましょ
う。

〔10てん〕

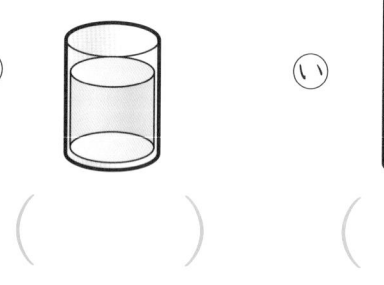 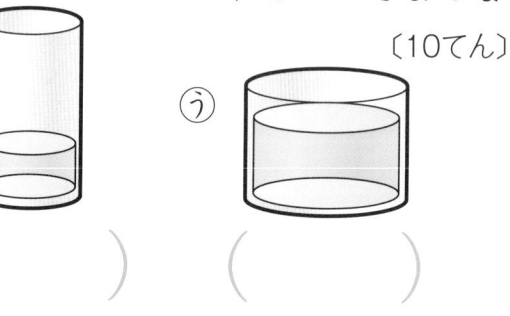

あ（　　　）　　　い（　　　）　　　う（　　　）

3 あおと　しろでは　どちらが　ひろいですか。

〔1もん　10てん〕

① （　　　）　　　② 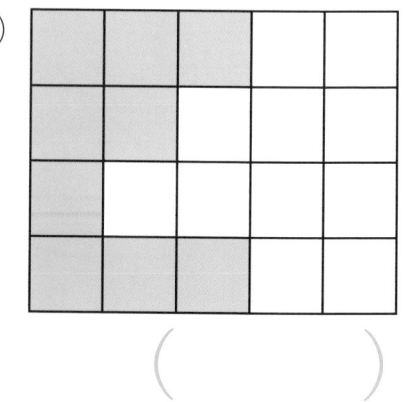 （　　　）

 とけいを よみましょう。　〔1もん　10てん〕

①　②　③　④

（　　　）（　　　）（　　　）（　　　）

 にて いる かたちを せんで つなぎましょう。〔10てん〕

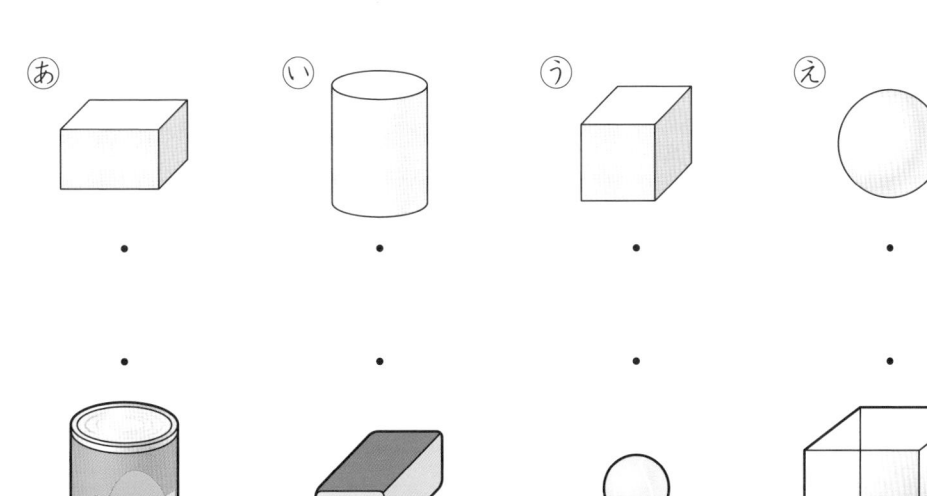

 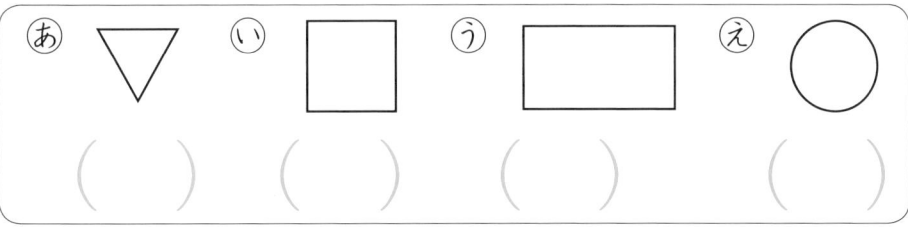 の つみきを うつしとって できる かたち
ぜんぶに ◯を つけましょう。　〔10てん〕

あ　い　う　え

（　　　）（　　　）（　　　）（　　　）

基礎力をつけるには くもんの小学ドリル が 強いみかた!!

スモールステップで、らくらく力がついていく!!

算数

計算シリーズ(全13巻)
① 1年生たしざん
② 1年生ひきざん
③ 2年生たし算
④ 2年生ひき算
⑤ 2年生かけ算(九九)
⑥ 3年生たし算・ひき算
⑦ 3年生かけ算
⑧ 3年生わり算
⑨ 4年生わり算
⑩ 4年生分数・小数
⑪ 5年生分数
⑫ 5年生小数
⑬ 6年生分数

数・量・図形シリーズ(学年別全6巻)

文章題シリーズ(学年別全6巻)

プログラミング
① 1・2年生　② 3・4年生　③ 5・6年生

学力チェックテスト
算数(学年別全6巻)
国語(学年別全6巻)
英語(5年生・6年生 全2巻)

国語

1年生ひらがな

1年生カタカナ

漢字シリーズ(学年別全6巻)

言葉と文のきまりシリーズ(学年別全6巻)

文章の読解シリーズ(学年別全6巻)

書き方(書写)シリーズ(全4巻)
① 1年生ひらがな・カタカナのかきかた
② 1年生かん字のかきかた
③ 2年生かん字の書き方
④ 3年生漢字の書き方

英語

3・4年生はじめてのアルファベット
ローマ字学習つき

3・4年生はじめてのあいさつと会話

5年生英語の文

6年生英語の文

くもんの算数集中学習　小学1年生 単位と図形にぐーんと強くなる

2020年 2月　第1版第1刷発行
2024年 4月　第1版第8刷発行

● 発行人　志村直人
● 発行所　株式会社くもん出版
　〒141-8488
　東京都品川区東五反田2-10-2
　東五反田スクエア11F
　電話　編集直通　03(6836)0317
　　　　営業直通　03(6836)0305
　　　　代表　　　03(6836)0301

● 印刷・製本　TOPPAN株式会社
● カバーデザイン　辻中浩一+小池万友美(ウフ)
● カバーイラスト　亀山鶴子

● 本文イラスト　くぬぎ太郎・中川貴雄
● 本文デザイン　坂田良子
● 編集協力　株式会社装文社

© 2020 KUMON PUBLISHING CO.,Ltd　Printed in Japan
ISBN 978-4-7743-3047-1

落丁・乱丁はおとりかえいたします。
本書を無断で複写・複製・転載・翻訳することは、法律で認められた場合を除き禁じられています。
購入者以外の第三者による本書のいかなる電子複製も一切認められていませんのでご注意ください。
CD 57327

くもん出版ホームページアドレス　https://www.kumonshuppan.com/

※本書は『単位と図形集中学習　小学1年生』を改題したもので、内容は同じです。